高等职业教育“十三五”规划教材

计算机应用基础实训教程

主　编　王蒙田　李卫星

中国水利水电出版社
www.waterpub.com.cn
·北京·

内 容 提 要

本书依据教育部高等学校非计算机专业计算机基础课程教学指导分委员会提出的《关于进一步加强高校计算机基础教学的几点意见》和《高职高专教育计算机公共基础课程教学基本要求》，结合高职院校计算机基础教学的目标、定位而编写，是《计算机应用基础教程》的配套实训教程，也是实现高素质技术技能人才培养目标，提升高职学生计算机应用技能的实训教材。

本书采用项目驱动的形式编写，共分 17 个实训项目，内容涵盖计算机基础知识、操作系统软件 Windows 7、文字处理软件 Word 2010、电子表格软件 Excel 2010、演示文稿软件 PowerPoint 2010、计算机网络与 Internet、计算机信息安全等。

本书是学习计算机基础知识和操作技能的入门级实训教材。本书内容编排由浅入深、通俗易懂，可作为高职高专学生学习计算机应用基础知识的实训教材，也可作为其他各类计算机初学者的入门教材。

图书在版编目（CIP）数据

计算机应用基础实训教程 / 王蒙田，李卫星主编
. -- 北京 : 中国水利水电出版社，2019.9
高等职业教育“十三五”规划教材
ISBN 978-7-5170-8017-6

Ⅰ. ①计… Ⅱ. ①王… ②李… Ⅲ. ①电子计算机－高等职业教育－教材 Ⅳ. ①TP3

中国版本图书馆CIP数据核字(2019)第198623号

策划编辑：石永峰　责任编辑：高　辉　加工编辑：辛　杰　封面设计：李　佳

书　　名	高等职业教育“十三五”规划教材 计算机应用基础实训教程 JISUANJI YINGYONG JICHU SHIXUN JIAOCHENG
作　　者	主　编　王蒙田　李卫星
出版发行	中国水利水电出版社 （北京市海淀区玉渊潭南路 1 号 D 座　100038） 网址：www.waterpub.com.cn E-mail：mchannel@263.net（万水） sales@waterpub.com.cn 电话：（010）68367658（营销中心）、82562819（万水）
经　　售	全国各地新华书店和相关出版物销售网点
排　　版	北京万水电子信息有限公司
印　　刷	三河市铭浩彩色印装有限公司
规　　格	184mm×260mm　16 开本　7.75 印张　182 千字
版　　次	2019 年 9 月第 1 版　2019 年 9 月第 1 次印刷
印　　数	0001—3000 册
定　　价	24.00 元

前　　言

本书依据教育部高等学校非计算机专业计算机基础课程教学指导分委员会提出的《关于进一步加强高校计算机基础教学的几点意见》和《高职高专教育计算机公共基础课程教学基本要求》，结合高职院校计算机基础教学的目标、定位而编写，是《计算机应用基础教程》的配套实训教程，也是实现高素质技术技能人才培养目标、提升高职学生计算机应用技能的实训教材。

本书采用项目驱动的形式编写，共分17个实训项目，内容涵盖计算机基础知识、操作系统软件 Windows 7、文字处理软件 Word 2010、电子表格软件 Excel 2010、演示文稿软件 PowerPoint 2010、计算机网络与 Internet、计算机信息安全等。本书的主要任务是在课堂讲授的基础上，为学生开展上机实训服务。学生通过完成实训任务，可巩固计算机基本知识，掌握计算机的基本操作技能，较快地适应工作中计算机应用的需要，增强就业竞争能力，为未来就业和职场生涯奠定良好基础。

本书是学习计算机基础知识和操作技能的入门级实训教材。本书内容编排由浅入深、通俗易懂，可作为高职高专学生学习计算机应用基础知识的实训教材，也可作为其他各类计算机初学者的入门教材。

本书由王蒙田、李卫星担任主编。其中，实训项目一、二、三、十四由李卫星编写，实训项目四、五由王蒙田编写，实训项目六、七、十五、十六由葛晶晶编写，实训项目八、九、十、十一由温彩玲编写，实训项目十二、十三、十七由李文芳编写，最后由王蒙田、李卫星负责全书组稿和统编工作。

由于时间仓促，加上水平有限，书中不妥之处在所难免，敬请广大读者批评指正。

编　者

2019年6月

目　　录

实训项目一　指法练习

一、实训目的

1．学会计算机的开机与关机的基本方法。
2．了解键盘的组成，掌握各键功能、基准键位以及指法分区。
3．利用指法练习软件来规范及提高键盘使用及字符录入速度。

二、实训准备

1．硬件资源：PC 一台/人。
2．软件资源：Windows 7 操作系统、金山打字通。

三、实训内容及步骤

（一）观察 PC 的启动和关闭过程

1．PC 的启动分为冷启动和热启动。

要启动计算机，首先要接通外设电源，再开机。开机时首先开显示器的电源，然后再开主机的电源；关机则相反。

（1）冷启动计算机。在 PC 的主机和显示器均未加电的情况下启动称为“冷启动”。用户接通计算机的电源后，按下主机箱的 Power 按钮，即开始启动 Windows，等屏幕显示 Windows 的“桌面”，就成功启动 PC 了。

（2）热启动计算机。在计算机使用的过程中如果出现故障或者操作不当而“死机”，需要重新启动，则称为“热启动”。

热启动可以使用下列方法中的任何一种：

- 单击开始按钮，然后选择右侧出现的

按钮，单击即可对计算机进行重新启动、切换用户、注销、锁定等进一步的操作选择。
- 按组合键 Ctrl+Alt+Delete，在屏幕的右下角出现的“关机”按钮旁单击选项中的“重新启动”按钮。
- 也可回到桌面按组合键 Alt+F4，如图 1-1 所示。

2．观察 PC 的关闭过程。

（1）PC 正常关机。关闭计算机的操作过程与热启动计算机的操作过程基本上相同，只是选择的是“关机”选项。

（2）PC 非正常退出。

原因：用户在使用计算机的过程中，可能会出现蓝屏、花屏、死机等非正常现象，这时用户已经无法使用键盘或鼠标来进行退出 Windows 的相关操作，此时只能采取非正常退出的方法。

图 1-1　重新启动计算机窗口

操作方法：按主机箱上的 Power 电源按钮几秒钟，看到主机箱电源指示灯灭后，或是听到主机箱散热电风扇“嗒”的停转声，此时主机就关闭了。

（二）键盘的使用及指法练习

1．键盘的组成。

键盘是计算机系统中最常用的输入设备，使用者通常直接通过键盘操作与计算机打交道。因此，在使用计算机前应首先认识键盘，了解键盘的分区情况，掌握基本操作。正确的键盘操作方法应该是双手合作分工。键盘分为功能键区、主键盘区、编辑键区、辅助键区和状态指示区，具体如图 1-2 所示。

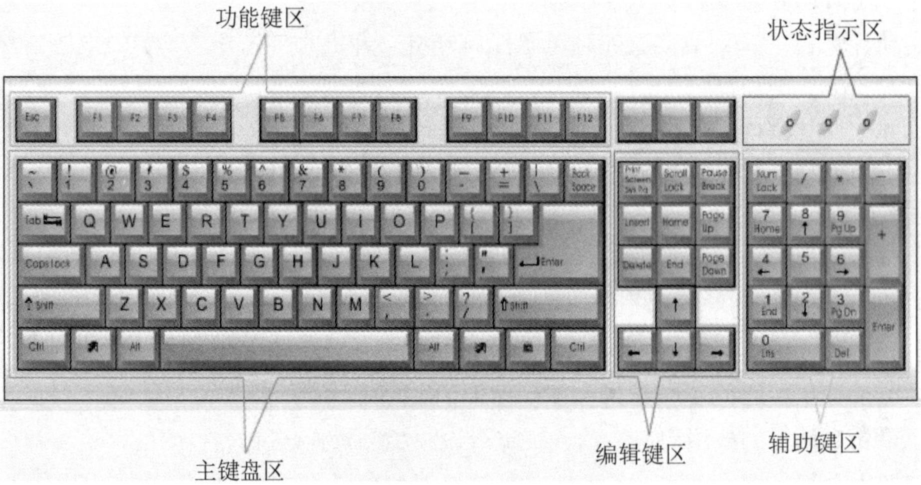

图 1-2　键盘分区

（1）功能键区。功能键区 F1～F12 的功能根据具体的操作系统或应用程序而定，在不同的软件系统下各个功能键的作用是不同的，具体完成什么功能由实际使用的软件决定。通常与 Alt 键和 Ctrl 键结合使用。

（2）主键盘区。主键盘区也称为打字键区。包括 0～9 数字键，A～Z 字母键及部分符号键和一些特殊功能键。

1）Shift 键：上档键，适用于双符号键。

- 上档切换，输入双符号键的上方字符。
- 大小写转换（按住此键再按字母键可以使字母大小写转换）。

2）Backspace 键：退格键。用来删除当前光标所在位置前的字符，且光标左移。

3）Tab 键：用来右移光标。

- 在 Word 中编辑文档时每按一次，相当于按 2 个空格键。
- 主要功能：在表格的制作过程中，每按一次向右移一个单元格。

4）Enter 键：回车键。

- 在命令状态下，表示命令结束。
- 在编辑状态下，表示换行操作。

5）CapsLock 键：大小写锁定键。

- 灯灭：小写。
- 灯亮：大写。

6）Ctrl 键和 Alt 键：单独按无作用，组合应用时实现快捷功能。

7）⊞窗口键：可以调出开始菜单。

8）图形键：相当于按一次鼠标右键。

（3）编辑键区。

1）Home 键：使光标跳到本行行首。

2）End 键：使光标跳到本行行尾。

3）Page Up 或 PgUp 键：向上翻页（一页指一屏）。

4）Page Down 或 PgDn 键：向下翻页（一页指一屏）。

5）Delete 或 Del 键：删除键。删除当前光标所在位置的字符。

- 删除光标后面的一个字符。
- 如选中内容，则全部删除。

6）Insert 键：插入与改写的转换。

7）←↑↓→键：光标方向键，使光标移动。

8）Print Screen 键：屏幕复制键，当按下此键后，屏幕上所有的信息将被复制下来。

9）Scroll Lock 键：屏幕锁定键。当屏幕处于滚动显示状态时，若按下该键，键盘右上角的 Scroll Lock 指示灯亮，屏幕停止滚动，再次按此键，屏幕再次滚动。

10）Pause Break 键：暂停键，暂停屏幕显示或与 Ctrl 键组合使用起中止执行作用。

（4）辅助键区。

Num Lock 键：锁定键，数字与编辑功能转换。按下此键，键盘右上方的 Num Lock 指示灯亮，小键盘输入的是数字。再按此键，指示灯灭，为编辑功能键。

- 灯亮：可以输入数字。
- 灯灭：编辑功能。

2．基准键位。

击键前，手指放在 8 个基准键位（A，S，D，F，J，K，L，;）上，两个拇指放在空格键上。

（1）击键姿势。使用键盘首先必须注意的是击键的姿势。若姿势不当，就不能准确、快速地输入，而且容易疲劳，如图 1-3 所示。

图 1-3　正确的坐姿

1）人体正对键盘，坐姿端正，腰挺直，双脚自然落地。

2）肩放松，两手自然弯曲，轻放在规定的键位上，上臂和肘不要远离身体，手臂以及腕部均不可压在键盘或桌上，应自然悬垂。

3）座位高度要适中，人体与键盘的距离以两手刚好放在基本键位上为准。

（2）击键的主要要求。

1）击键时两眼看屏幕或原稿，不要看键盘。

2）八个手指自然弯曲，轻轻放在基本键位上，两个拇指轻放在空格键上。

3）手腕要平直，手臂不动，全部动作只限于手指部分。

4）以指尖击键，瞬间发力，触键后立即反弹，并返回基本键位。

5）击键要轻，节奏均匀。

6）使用上档键及空格键时左右手要配合使用。

3．指法分区。

（1）左右手各手指基本键位如图 1-4 所示。

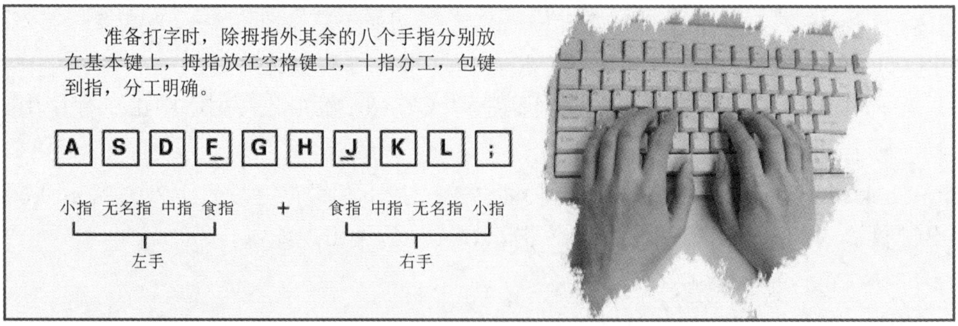

图 1-4　左右手各手指基本键位

键盘的使用与指法练习是结合在一起的，依靠指法练习来熟悉键盘的使用，同时指法的练习反过来达到键盘的规范使用，指法练习要持之以恒，才能既规范又有速度，很多同学平时不注重指法练习，造成文字录入慢、经常出错，应聘时用人单位会对其计算机的基本操作技能水平很怀疑，这一点值得各位深思。

（2）键位分区及各手指管辖区域。键盘操作的基本要领是双手、盲打，双手是指左手负责左半边键盘，右手负责右半边键盘，以 G 键和 H 键为分界线。盲打是指字母的位置都背下来了，输入的时候眼睛看着屏幕，指头击键，不用眼睛帮忙找键，如图 1-5 所示。

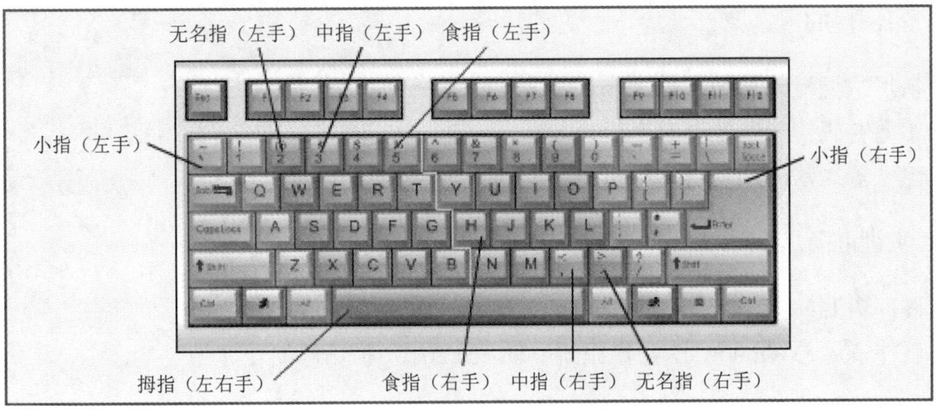

图 1-5　左右手手指所管辖的区域

（3）键盘操作指法的基本要求。以第三排的 8 个键位（A，S，D，F，J，K，L，;）为基准键位，它们是左右手除大拇指之外 8 个手指的“根据地”，当击键时，手指均从基准键位出发，击键后手指退回基准键位。由于每次击键手指都是从基准键位伸出，形成了一定的规律，久而久之对每个键位相对于基准键位的位置、距离会非常熟悉，因而击键的准确性和速度自然就提高了。

操作时，两眼应看着稿纸或屏幕，手指按操作指法击打相应键位，应尽量避免看着键盘上的键位击键，这样有利于提高输入速度。

另外，在练习指法时要注意左右 Shift 键及左右手小指的相互配合，要尽量养成规范的习惯，不要练一下累了，觉得不习惯，就又返回到以前的不规范习惯中去了。

4．启动金山打字通软件。

具体练习应打开金山打字通来练，从基本键位，左右手逐一地练习就可以了，在指法练习上，金山打字通还是比较成熟的。

四、实训小结

1．为什么在重新启动计算机或是关闭计算机之前，都要求最好是关闭所有的应用程序窗口之后才可进行？

2．了解热启动及关机的这几种方法有何作用？即采用“开始”→“关机”→“重新启动”及同时按 Alt+F4 键的热启动与采用同时按 Ctrl + Alt +Delete 键→“关机”→“重新启动”有何区别？

3．为什么“特殊情况下的关机”，需要“按住主机箱上的 Power 键 4 秒钟以上，使得计算机显示器的屏幕熄灭才可以松开按 Power 键的手指”？

实训项目二　汉字录入练习

一、实训目的

1．初步掌握输入法的基本设置。
2．掌握音码输入法，了解形码输入法。
3．熟悉输入法的切换与使用技巧。

二、实训准备

1．硬件资源：PC 一台/人。
2．软件资源：Windows 7 操作系统、Office 2010、金山打字通。

三、实训内容及步骤

（一）Windows 的汉字输入设置

中文 Windows 提供了多种汉字输入法，为中文信息处理提供了很大的方便。在系统安装时已经预装了智能 ABC、微软拼音、全拼、双拼等输入法。用户可以根据需要，任意安装或卸载输入法。而就一般情况而言，搜狗拼音输入法及五笔输入法用得最广。

1．Windows 输入法的基本设置。

（1）首先在任务栏上的输入法图标上右击，选择“设置”命令，进入“文本服务和输入语言”对话框，如图 2-1 所示。即可对所使用的输入法进行添加和删除操作。

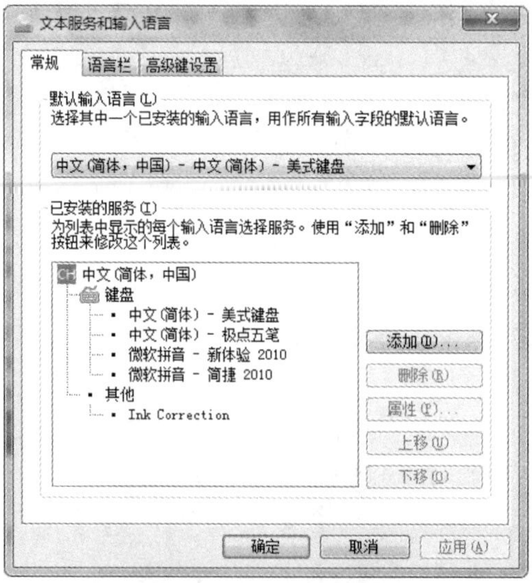

图 2-1　输入法常规设置

（2）选择“高级键设置”选项卡，可以更改及设置输入法的热键。

（3）用户在进行汉字输入时，首先要选择一种中文输入法。单击任务栏右下角的输入法指示器按钮，在弹出的输入法菜单中选择需要的输入法，当然也可按组合键 Ctrl+Shift 进行切换，如图 2-2 所示。

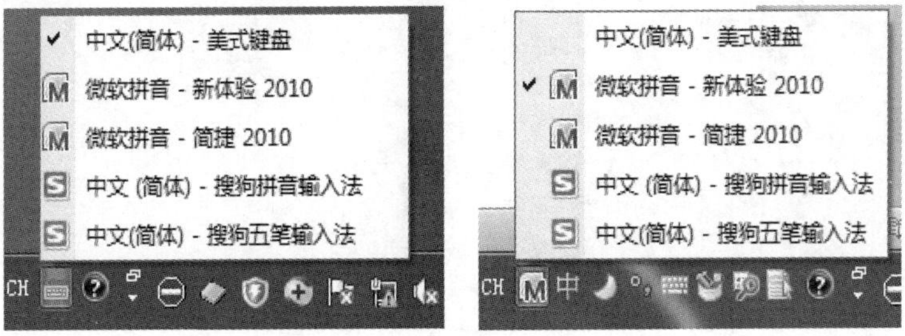

图 2-2　选择某种输入法

2．输入法状态。

选择某种汉字输入法以后，在屏幕左下角会弹出相应输入法的状态框，如图 2-3 所示。

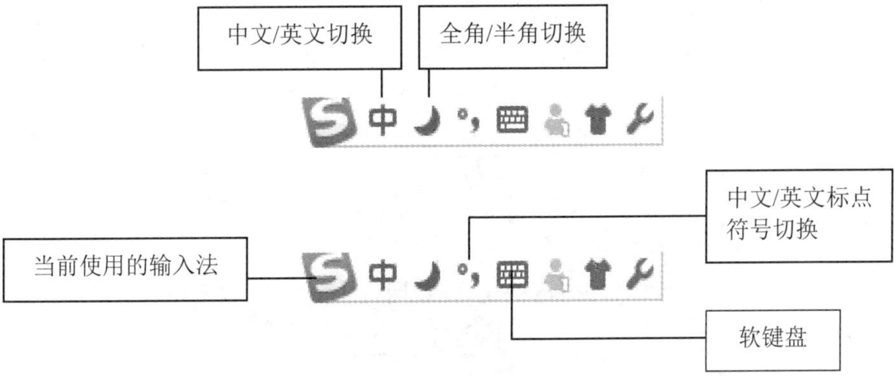

图 2-3　输入法状态框

（1）全角/半角切换按钮：用于切换全角/半角，表示半角，单击一次变成全角，再单击一次变回半角。全角/半角对从键盘输入的非汉字符号，如英文字母、数字、标点符号等有影响，但对汉字没有影响，汉字总是全角符号。如半角的英文字母为“ABCabcl23”，全角时则为“ＡＢＣａｂｃ１２３”。

（2）中文/英文标点符号切换按钮：用于切换中文/英文标点符号，单击一次变成英文标点状态，再单击一次变回中文标点状态。比如中文的顿号“、”就必须在中文标点状态下按键盘的“＼”键才能产生。

（3）软键盘：软键盘就是软件形式的键盘，它把键盘显示在屏幕上，用鼠标点击操作来替代真正的键盘操作。平时经常要输入一些像“★”“√”之类的特殊符号，或是“壹万贰仟叁佰肆拾伍元”之类的大写金额，很多人不知道该如何通过常用输入法快速输入，可以通过单击软键盘或是右键选择相应的一种。

实际上，通过软键盘来输入真正键盘上的英文字母、数字和标点并没有太大意义，输入速度也不会比真正的键盘按键快。软键盘的实际作用在于它的分类符号。右击软键盘按钮，会弹出软键盘快捷菜单，如图 2-4 所示。

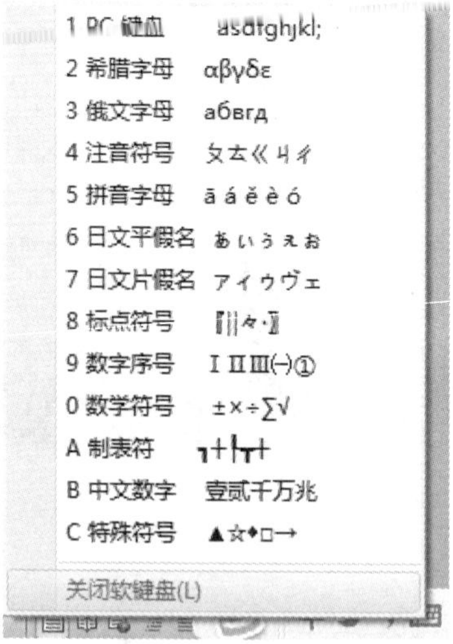

图 2-4 软键盘快捷菜单

在这个快捷菜单中，可以看到各类符号，图 2-5 是其中的“数字序号”软键盘。通过选择各类符号的软键盘，可以在输入文字时快速输入这些特殊的文字符号。

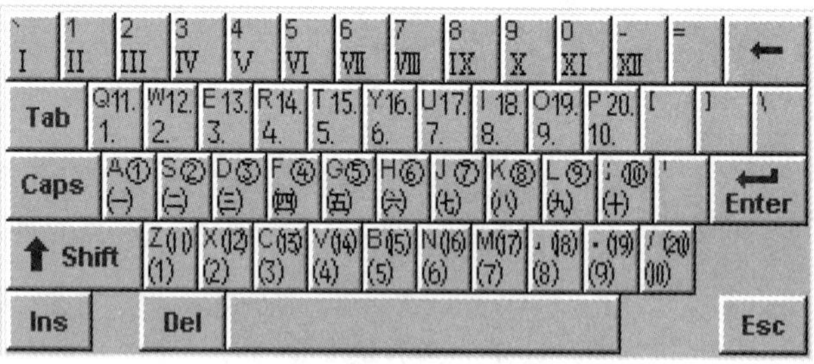

图 2-5 “数字序号”软键盘

（4）利用表 2-1 中的键盘快捷键，可以实现各种输入法之间的转换。

表 2-1 利用键盘快捷键进行输入法的切换

切换方式	快捷键
中英文切换	Ctrl+空格
输入法切换	Ctrl+Shift
全/半角切换	Shift+空格
中/英文标点切换	Ctrl+.

以上内容，各位可以自行练习其相互间的切换。

（二）汉字输入练习（音码输入/形码输入）

1．采用音码输入法，如：搜狗拼音输入法。

搜狗拼音规则与全拼规则完全一样，只是它在全拼输入法的基础上做了改进，它更加充分地利用了词组的输入，其自带的词库非常庞大，几乎囊括了日常所有的词汇。而且在进行词的输入时，甚至可以只输入词中各字的声母并且加空格键。例如：输入“计（ji）算（suan）机（ji）”，可输入词组的全部拼音 jisuanji，或者直接输入各字的声母 jsj 后按空格键。

采用搜狗拼音输入方法，可以非常方便地输入多字词。例如：分别输入 ztdh、ymtq、yjrg，然后按空格键，即可输入成语“志同道合”“扬眉吐气”“一见如故”。音码输入法的特点是重码率高。

2．五笔字型输入法。

五笔字型输入法是形码输入法，特点是重码率低。五笔字型输入法是根据汉字的结构来拆分输入的，对于初学者来说要熟记汉字的字根，并对汉字进行拆分，在拆分时肯定会遇到一定困难，解决办法是要把这些难以输入的汉字或词组逐笔逐画写下来进行“字根分析”。只要熟悉五笔字根，花很少的时间就会熟练掌握汉字拆分了，打字的速度也就会相应地得到提高。学习五笔字型输入法起步是比较困难的，特别是对现代的年轻人。因为现代的年轻人从小学到大学基本上所用的输入法都是音码输入，很少接触到五笔字型，所以学起来还是要有一定的毅力和恒心的。

（三）搜狗拼音输入法中 u 模式笔画输入

当遇到不会读的字，可以先打个“u”，然后再打各个部首的读音，就能打出来，如图 2-6 所示。

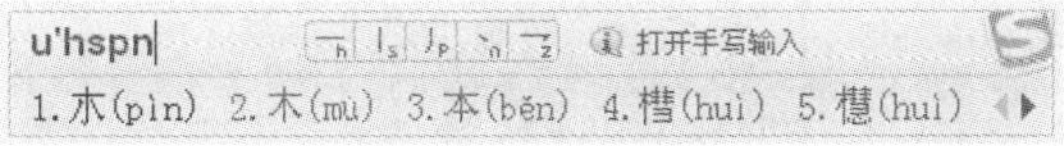

图 2-6　u 模式笔画输入

1．笔画输入。

仅通过输入文字构成笔画的拼音首字母来打出想要的字。例如：【木】字由横（h）、竖（s）、撇（p）、捺（n）构成，因此：

其中 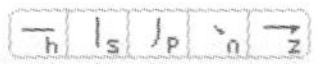 为笔画提示区，上方是常见笔画“一　丨　丿　丶　乛”，右下方为各笔画拼音的首字母“hspnz”。可以在此区域用鼠标单击输入笔画，也可以通过键盘敲入 hspnz 等输入笔画。具体笔画以及对应的按键见表 2-2。

表 2-2　具体笔画以及对应的按键

笔画	按键
横/提	h
竖/竖钩	s
撇	p
点/捺	d 或 n
折	z

2．部首拆分输入。

将一个汉字拆分成多个组成部分，u 模式下分别输入各部分的拼音即可得到对应的汉字。

遇到不认识的字，如果会五笔输入就可以很容易打出来，而不会五笔输入的同学要么就不断盲目地尝试，要么就在百度上通过描述字的结构进行查找，当然查找传统的字典，也不失为一种有效手段。下面用搜狗中的部首拆分法举例。

先列举几个大家都比较常见到但难记住的字，以便下方例子的展示：

淼 焱 垚 犇 嫑 嚞 叒 赑

输入“ushuishuishui”即可得到“淼”字。

又如【曙】字，可以拆分成【日】【罒】和【者】，于是输入如下：

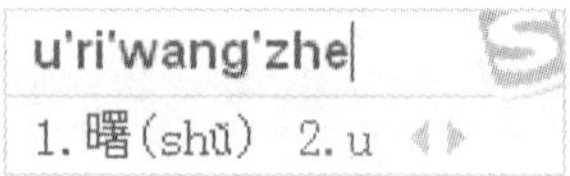

其实最基本的原理就在于拆字，如大家熟知的“赢”字，可以拆为“亡口月贝凡”，只有搜狗拼音输入法提供拆字输入的功能。

（四）文档输入练习

启动 Word 应用软件或打开记事本，输入如图 2-7 所示样文中的内容，输入完成后将该文档命名为 LX 并保存在自己的文件夹中。

五笔字型

在这里把五笔字型的输入方法划分为三大板块：特殊字型、过渡字型、正常字型。现在简单重温一下前两大板块的输入方法：特殊字型的输入方法是同一字母，过渡字型的输入方法是报户口+单个笔画。

正常字型就是把汉字拆分成“五笔字根”输入的汉字或词组。

在录入文章时，“正常字型”的输入是最多的，约占 94%。正常字型有 7 种：①双字词组，②二级简码，③三级简码，④四级全码，⑤识别码字，⑥多字词组，⑦选号汉字。

（一）双字词组

学习五笔字型的第一重点是双字词组。熟练双字词组是快速掌握打字技术和提高打字速度的窍门。初学者必须花最多的时间、精力去学习和熟悉双字词组。

为什么不逐个汉字学习而先学“双字词组”呢?

这是因为输入一篇文章时，双字词组的输入是最多的，约占整篇文章总字数的 70%，能否熟练输入双字词组是决定输入文章速度的第一因素。过去，几乎所有的人(包括笔者)一开始就学全面的拆字，利用“四级全码”进行输入，很多教材和先生还美其名曰“基础”；其实，先学这样的“基础”，不但学习进度慢，输入速度慢，而且还容易形成一种坏习惯——把双字词组逐个分开并拆成“四级全码”输入，将来要改变这个坏习惯是非常困难的，这样会严重影响学习进度和打字速度，教训是十分深刻的。举个简单的例子：

拆成“四级全码”输入“趋势”，需要输入“FHQV”和“RVYL”8 个字母，而用“双字词组”输入只需输入“FHRV”4 个字母，输入字母明显减少了一半；此外，用“四级全码”还要多拆 4 个字根，增加了拆字难度，浪费了时间和精力，打字速度又慢了一大截。

A．学习双字词组须知

⑴一般来说，日常生活中经常使用的“双字词”，绝大部分都是五笔字库存在的双字词组，读者可以用这一方法把它们大概识别出来。

⑵熟悉“双字词组”最有效的办法是把属于自己专业的常用的双字词组整理出来，并且加以记忆和多次重复上机操练。学习者必须对自己常用的双字词组熟记熟悉，因为如果五笔字库中不存在某个词组，就无法用双字词组输入法去输入，所以，假如没有足够把握认为某个词组是“双字词组”，最好还是逐个汉字输入，否则要重新输入，反而对打字速度造成一定影响。

⑶如果双字词组中含有“键名字根”（“工、人”在双字词组中属“键名字根”），就把键名字根所在的字母连击 2 次，如“目标”的“目”字连击“HH”；如果含有“一级简码”，还必须把它拆分，如“我们”的“我”字就拆成“TR”。

⑷输入双字词组不用按空格键，因为输入双字词组时已经输足 4 个字母，双字词组会自动跳上文档。

图 2-7 样文

四、实训小结

1．多用金山打字通软件练习文字的录入。
2．查找一些自己不认识的字利用搜狗 u 模式进行输入。
3．掌握特殊字符的输入。

实训项目三　模拟装机

一、实训目的

1．熟悉计算机硬件系统构成。

2．了解计算机的主流配置、主要器件的性能参数及市场价格。

二、实训要求

1．硬件资源：PC 一台/人。

2．软件资源：Windows 7 操作系统、浏览器及能正常访问的互联网。

三、实训内容及步骤

（一）实训内容

模拟配置价格在 3000 元和 5000 元左右的组装机各一台，完成如图 3-1 所示的配置单。

装机配置单

配置	品牌型号	数量	价格（北京）	操作
CPU *	AMD A8-5600K（盒）	1	¥490	取消
主板 *	七彩虹战斧C.A88AK旗舰	1	¥499	取消
内存 *	金士顿4GB DDR3 1600 龙	1	¥180	取消
硬盘 *	希捷Barracuda 1TB 7200	1	¥376	取消
固态硬盘				
显卡				
机箱	游戏悍将激战3豪华版	1	¥199	取消
电源	长城静音大师BTX-400SD	1	¥238	取消
散热器				
显示器	AOC E2370SD	1	¥799	取消
鼠标				
键盘				
键鼠装	罗技MK240无线键鼠套装	1	¥112	取消
音箱	漫步者R101V	1	¥119	取消
光驱				

显示更多配件 ↓

* 号为必选项　　合计：¥3012

图 3-1　3000 元左右价格的配置单

（二）实训步骤

以配置 3000 元左右价格的计算机（用于学习兼其他）为例。

1．打开浏览器，访问“中关村在线”或其他 IT 网站的模拟装机页面。

操作步骤：

在浏览器的网址栏输入“模拟攒机”，按 Enter 键，在搜索页面会看到提供模拟攒机的各个网站的模拟攒机页面链接。单击“中关村在线”网站的“模拟攒机”链接，可以看到“模拟攒机”页面，如图 3-2 所示。

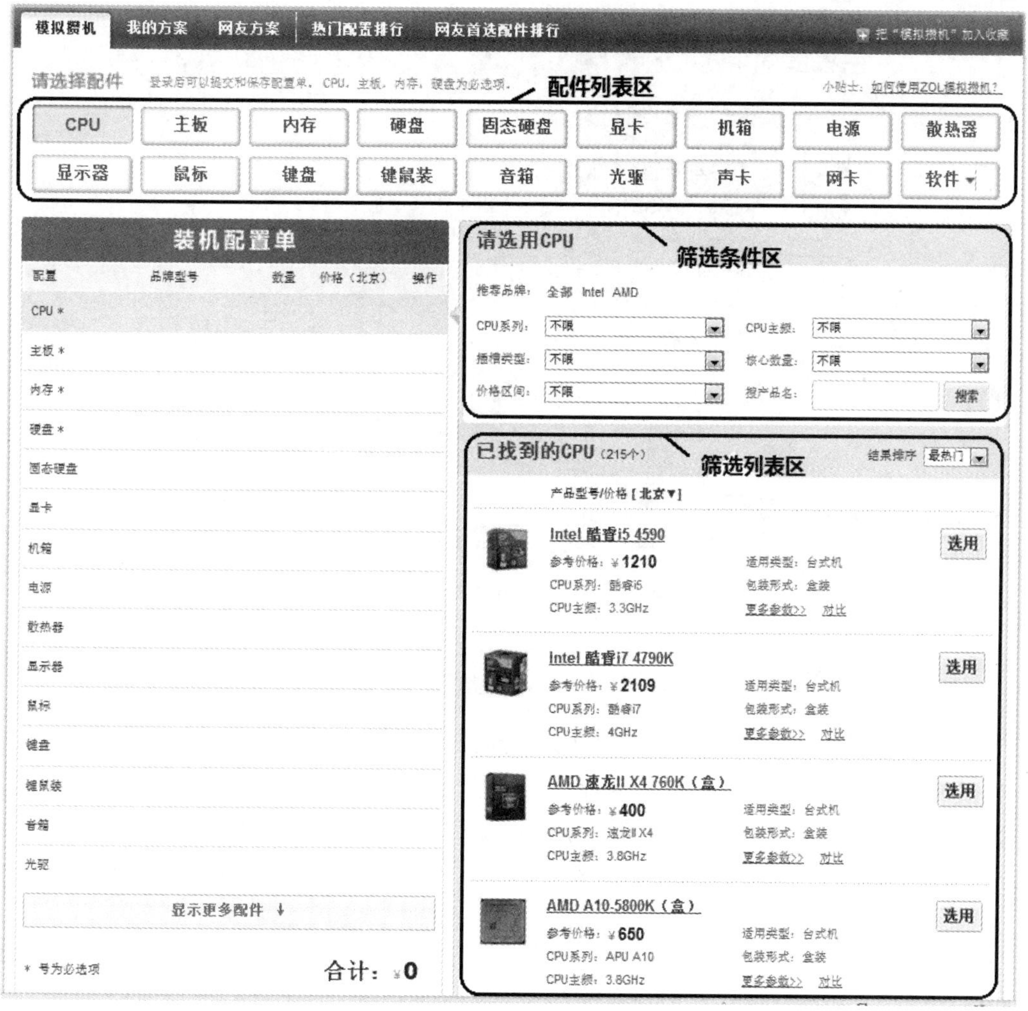

图 3-2　“模拟攒机”页面

2．选定 CPU。

操作步骤：

单击装机配置单中的 CPU 项（或在配件列表区中单击 CPU 按钮），在筛选条件区中选择筛选条件，在页面右下方的筛选列表区可以看到满足指定筛选条件的 CPU 列表，如图 3-3 所示。在筛选列表区单击产品型号，可以打开介绍该产品型号的页面，选择“更多参数”命令，可以看到该型号产品的详细参数。

图 3-3　筛选条件设置及产品列表

通过使用不同的筛选条件来查看不同档次、品牌、型号的 CPU 的价格范围和主要性能指标，以决定最终选定哪款 CPU。例如，采用筛选条件后（推荐品牌：AMD；CPU 系列：APU A8；价格区间：300～500 元）发现：500 元左右可以买到中高端的 CPU（AMD 的 A8 系列），CPU 集成有独立显示核心 AMD Radeon HD 7560D，性价比高，故选用：AMD A8-5600K（盒）CPU。

3．选定主板。

根据已选定的 CPU 来筛选主板。

操作步骤：

单击装机配置单中的“主板”项，因为 CPU 已选定，筛选列表中默认“主芯片组”为已经选定的芯片类（AMD），可自己更改、选择芯片细分类型和其他筛选条件来选择。

例如，采用筛选条件（主芯片组：A88X；价格区间：400～500 元）后发现：500 元左右可以买到最新出的采用高端芯片 A88X 系列的主板，主板的 CPU 接口与 CPU 匹配。最后在众多主板型号中发现，“七彩虹战斧 C.A88AK 旗舰版”主板集成 6 声道声卡和千兆网卡，有四根内存条插槽，从尺寸看属于大板，性价比高，故选用“七彩虹战斧 C.A88AK 旗舰版”主板。

4．选定内存。

不同时期，最流行的内存工作频率和内存容量的性价比总是最高，其价格接近已经不再流行的更早期的内存，甚至更便宜。

操作步骤：

单击装机配置单中的“内存”项，在筛选条件区选择不同的“内存类型”，依据列表中的价格，确定出最主流的内存类型。然后以“内存主频”为筛选条件，筛选出当前最主流的内存主频，最后选定内存。

例如，采用筛选条件（容量描述：4GB；内存类型：DDR3；内存主频：1600）后发现：这种类型和主频的内存目前性价比最高，故优先选用。因为生产厂商很多，价格波动范围也大，倾向选择大厂商生产且较便宜的型号，故选用“金士顿 4GB DDR3 1600 龙年限量版”。

5．选定硬盘。

与内存类似，不同时期，总有最流行的硬盘容量和转速，其性价比最高。

操作步骤：

单击装机配置单中的“硬盘”项，在筛选条件区选择不同的“硬盘容量”和“转速”，对比筛选列表区中的信息，很容易发现近期最流行的硬盘容量和转速，然后选定硬盘。

例如，采用筛选条件（硬盘容量：1TB；转速：7200 转；缓存：64MB）后发现：该容量和转速的硬盘性价比最高。“希捷”和“西部数据”两大品牌的硬盘价格实惠且相差很小，选择任何一家均可，这里选用“希捷 Barracuda 1TB 7200 转 64MB 单碟”。

6．选定显示器。

显示器往往是一台计算机所有配件中最贵的部分，而且品牌众多，价格浮动范围比较大。本次装机总价格相对较低，在以上各主要部件均达到主流配置的情况下，能选购上流行的显示器尺寸和性能就可以了。

操作步骤：

单击装机配置单中的“显示器”项，在筛选条件区选择不同的“屏幕尺寸”参数（图 3-4），可以发现时下最流行的显示器尺寸。结合使用“价格区间”筛选条件，可以找到性价比最优的显示器。

例如，采用筛选条件（屏幕尺寸：23 英寸；价格区间：700～800 元）后，筛选得到当前性价比最高的主流显示器列表，选用“AOC E2370SD”。

7．选定机箱。

选用机箱主要在于个人对外观的喜好、机箱的尺寸和采用的材料。

操作步骤：

单击装机配置单中的“机箱”项，在筛选条件区用“价格区间”等条件来筛选。

例如，采用筛选条件（价格区间：100～200 元）后，从筛选列表中选择自己喜欢的外形的机箱，在查看其详细参数后，选用“游戏悍将激战 3 豪华版”。

8．选定电源。

选用电源需要考虑功率是否足够的问题。根据已选 CPU 的功率（100W），本机集成显卡、声卡和网卡，使用 300W 功率的电源应该足够。

图 3-4　查找时下最流行的显示器尺寸

操作步骤：

单击装机配置单中的“电源”项，在筛选条件区用“品牌”“额定功率”“价格区间”等条件来进行筛选。

例如：采用筛选条件（推荐品牌：长城机电；价格区间：200～300 元；额定功率：300～350W）后，对比筛选列表区中的电源信息，然后选用“长城静音大师 BTX-400SD”。

9．选定键盘、鼠标。

选用键盘鼠标套装能在外观上提升计算机的档次，可以优先考虑。

操作步骤：

单击装机配置单中的“键鼠装”项，在筛选条件区用“推荐品牌”“连接方式”和“价格区间”等进行筛选。

例如，采用筛选条件（推荐品牌：罗技；连接方式：无线；价格区间：100～150 元）后，在筛选列表区中选用价格实惠、外观较好的“罗技 MK240 无线键鼠套装”。

10．选定音响。

参照总价，能选用的音响价格只有 110 元左右。

操作步骤：

单击装机配置单中的“音箱”项，在筛选条件区用“推荐品牌”和 “价格区间”等进行筛选。

例如，采用筛选条件（推荐品牌：漫步者；价格区间：100～150 元）后，在筛选列表区中选用外观较好的“漫步者 R101V”。

11．选定其他配件

显卡：因为 CPU 集成有独立显示核心 AMD Radeon HD 7560D，无需再另外购买显卡。

声卡：因为主板集成有 Realtek ALC662 6 声道音效芯片，无需再另外购买声卡。

网卡：因为主板集成有 Realtek RTL8111E 千兆网卡，无需再另外购买网卡。

散热器：CPU 自带有散热器，机箱也无需特别增加散热器。

12．记录或制作配置单，以便检查和日后使用。

四、实训小结

在选购 CPU、主板、内存条和硬盘等计算机配件时，它们相互间有什么关联？主要是什么？

实训项目四　Windows 操作系统及资源管理器

一、实训目的

1．熟悉 Windows 的资源管理器。

2．学会文件管理及其操作（包括文件查找及显示隐藏文件等）。

3．学会网络共享及其设置。

二、实训准备

1．硬件资源：PC 一台/人。

2．软件资源：Windows 7 操作系统、XM04 文件夹及素材。

三、实训内容及步骤

（一）在资源管理器中进行如下操作

1．打开资源管理器。

操作步骤：右击“开始”按钮，在弹出菜单中选择“打开 Windows 资源管理器(P)”命令，或者双击桌面“计算机”图标。

2．在 F 盘（或计算机本地磁盘的最后一个盘）下新建一个名为 T□（□为该学生的所在班级和学号，如：“T 信息 1301 班 16”指信息 1301 班学号为 16 的学生）的文件夹。

操作步骤：在资源管理器左边窗格中单击 F 盘（F:）；在右边 F 盘窗口中右击空白区域，在弹出菜单中将鼠标指针指向“新建(W)”，然后单击“文件夹(F)”；输入文件夹名，再按 Enter 键或是在空白处单击确认。

3．将 K 盘中 XM04 文件夹中的所有文件夹及文件复制到 T□文件夹中。

操作步骤：在资源管理器左边窗格中单击 K 盘；展开 K 盘，找到 XM04 文件夹后单击打开它；在右边窗格全选 XM04 文件夹中所有文件及文件夹并复制；再在左边窗格中找到 F 盘下的 T□文件夹，单击打开它；在右边窗格中粘贴。

4．在新建的 T□文件夹中新建一个 EXAM4 文件夹。

操作步骤：在资源管理器左边窗格找到 F 盘并打开；找到 F 盘下的 T□文件夹并打开；再在资源管理器右边窗格右击；在弹出菜单中将鼠标指针指向“新建(W)”，然后单击“文件夹(F)”；输入文件夹名，再按 Enter 键或是在空白处单击确认。

5．将 T□文件夹中的扩展名为.doc、.txt、.xls 和.mdb 的文件复制到文件夹 EXAM4 中。

操作步骤：在 T□文件夹空白处右击，在弹出菜单中将鼠标指针指向“排序方式(O)”，然后单击“类型”，这样同类型的文件就会排在一起，再进行选择和复制，粘贴到所要求处即可。（若看不到文件的扩展名，则应先单击工具栏下方的“组织”按钮，在下拉菜单中单击

“文件夹和搜索选项”，在弹出的文件夹选项中选择“查看”选项卡，下滑滑动条找到“隐藏已知文件类型的扩展名”选项并取消勾选，单击“确定”按钮。这样，文件的扩展名就可见了。）

6. 启动附件里的画图软件，画一填充色为绿色的三角形，并保存该图片到T□文件夹下，取名为“TXA.BMP”。

操作步骤：选择“开始”→“所有程序”→“附件”→“画图”命令，打开画图软件；在“形状”组中选择“三角形”△或者“直角三角形”◺画图；选择“颜色 1”为绿色；再利用“工具”组中的“油漆桶”进行颜色填充；最后利用“另存为”选项存到相应位置。

7. 将文件夹T□中的文本文档WBB.TXT 重命名为OLDE.TXT，然后删除文件夹T□中的文件djk1.MDB。

（二）汉字输入法软件的安装及设置当前默认输入法的操作

虽然在安装 Windows 及 Office 之后，通常都捆绑安装输入法软件，但是用户在文字录入时也会选择自己习惯的输入法，所以学会安装输入法软件是必需的。

1. 进入前面建立的“T□”文件夹，找到“MSIME”文件夹，打开它并会看到它里面有一个“SETUP.EXE”文件，双击，出现如图4-1所示的界面。

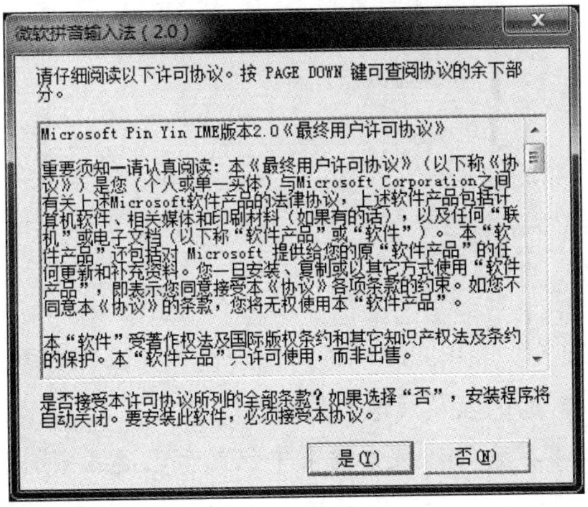

图4-1　运行安装输入法

2. 单击“是”按钮进入下一个提示对话框，如图4-2所示。

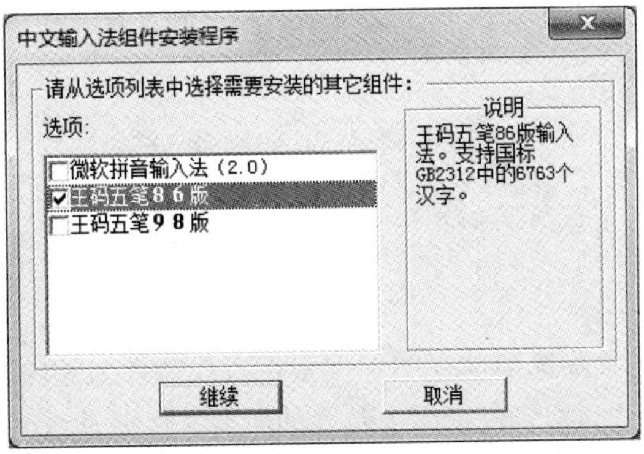

图4-2　选择安装输入法

3．勾选要安装的输入法，单击“继续”按钮即可。

（三）文件查找

1．使用“开始”菜单上的搜索框。

可以使用“开始”菜单上的搜索框来查找存储在计算机上的文件、文件夹、程序和电子邮件。

使用“开始”菜单查找项目的操作：

（1）单击“开始”按钮，然后在搜索框中输入字词或字词的一部分，如图 4-3 所示。

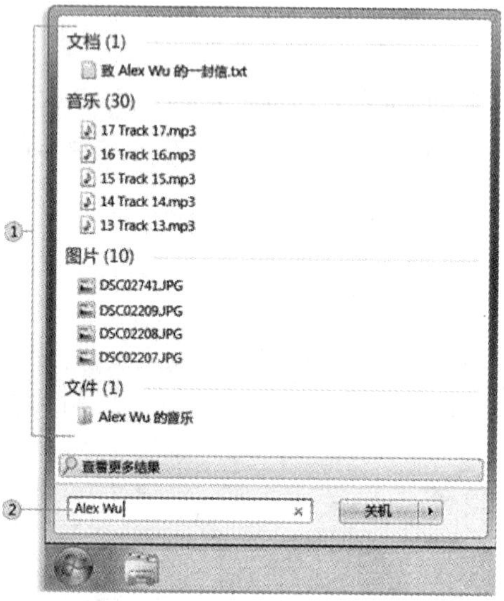

图 4-3 用“开始”菜单搜索

（2）输入后，与所输入文本相匹配的项将出现在“开始”菜单上。搜索结果基于文件名中的文本、文件中的文本、标记以及其他文件属性。

注意：从“开始”菜单搜索时，搜索结果中仅显示已建立索引的文件。计算机上的大多数文件会自动建立索引。例如，包含在库中的所有内容都会自动建立索引。

2．使用文件夹或库中的搜索框。

通常我们可能知道要查找的文件位于某个特定文件夹或库中，例如文档或图片文件夹/库。浏览文件可能意味着查看数百个文件和子文件夹。为了节省时间和精力，请使用已打开窗口顶部的搜索框，如图 4-4 所示。

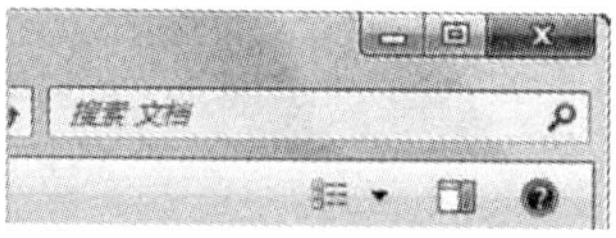

图 4-4 搜索框

搜索框基于所输入文本筛选当前视图。搜索将查找文件名和内容中的文本，以及标记等文件属性中的文本。在库中，搜索包括库中包含的所有文件夹及这些文件夹中的子文件夹，如图 4-5 所示。

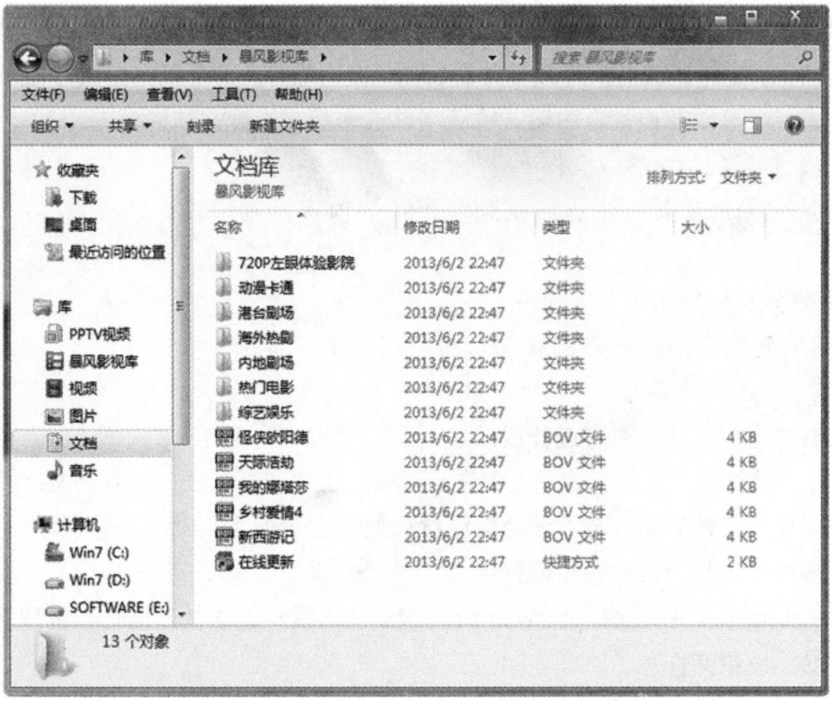

图 4-5　库搜索

若要使用搜索框搜索文件或文件夹，可执行下列操作：

（1）在搜索框中输入字词或字词的一部分。

（2）输入时，将筛选文件夹或库的内容，以对应输入的每个连续字符。看到需要的文件后，即可停止输入。

现在假设要查找 invoice 文件，因此在搜索框中输入“invoice”。输入后，将自动对视图进行筛选，将看到如图 4-6 所示的内容。

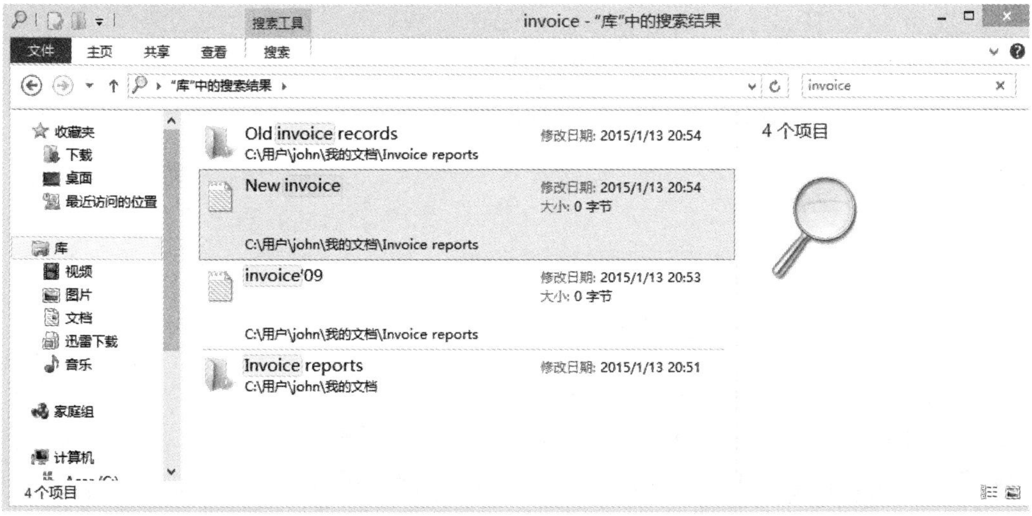

图 4-6　在搜索框中输入“invoice”之后的文档库

也可以在搜索框中使用其他搜索技巧来快速缩小搜索范围。例如，如果要基于文件的一个或多个属性（例如标记或上次修改文件的日期）搜索文件，则可以在搜索时使用搜索筛选器指定属性。或者，可以在搜索框中输入关键字以进一步缩小搜索结果范围。

3．将搜索扩展到特定库或文件夹之外。

如果在特定库或文件夹中无法找到要查找的内容，则可以扩展搜索，以便包括其他位置。

（1）在搜索框中输入某个字词。

（2）滚动到搜索结果列表的底部。在“在以下内容中再次搜索”下，执行下列操作之一：

- 单击“库”在每个库中进行搜索。
- 单击“计算机”在整个计算机中进行搜索。这是搜索未建立索引的文件（例如系统文件或程序文件）的方式。但是请注意，搜索会变得比较慢。
- 单击“自定义”搜索特定位置。
- 单击 Internet，以使用默认 Web 浏览器及默认搜索提供程序进行联机搜索。

（四）显示隐藏文件

1．首先，打开“计算机”，在以前的 Windows XP 系统中名为“我的电脑”。

2．打开“计算机”后，单击“工具”菜单，从弹出的菜单中选择“文件夹选项”命令，如图 4-7 所示。

3．对于没有菜单栏的 Windows 7 系统，可以按住 Alt 键弹出菜单栏。或者单击“组织”下三角按钮，再选择“文件夹和搜索选项”命令，如图 4-8 所示。

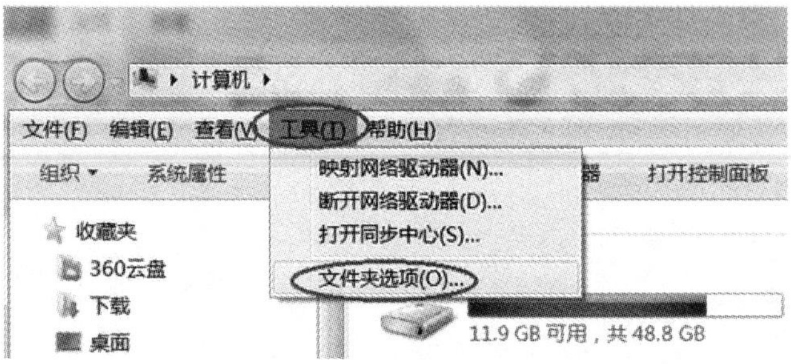

图 4-7　文件夹选项

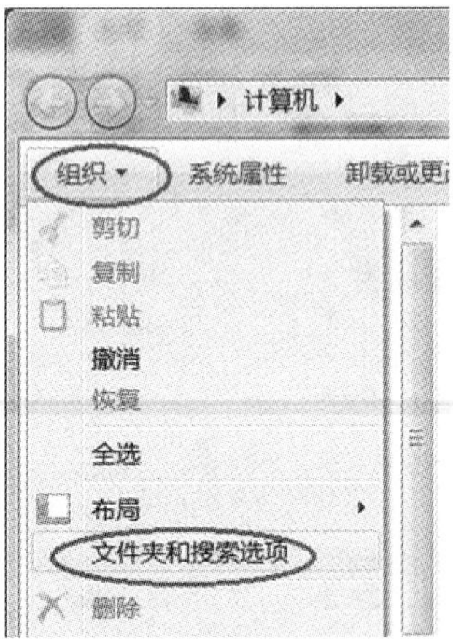

图 4-8　文件夹和搜索选项

4．接下来在打开的“文件夹选项”对话框中，单击“查看”，切换到“查看”选项卡中。

5．在下面的“高级设置”区域，取消勾选“隐藏受保护的操作系统文件”复选框；选择“隐藏文件和文件夹”下的“显示隐藏的文件、文件夹和驱动器”单选按钮，如图 4-9 所示。

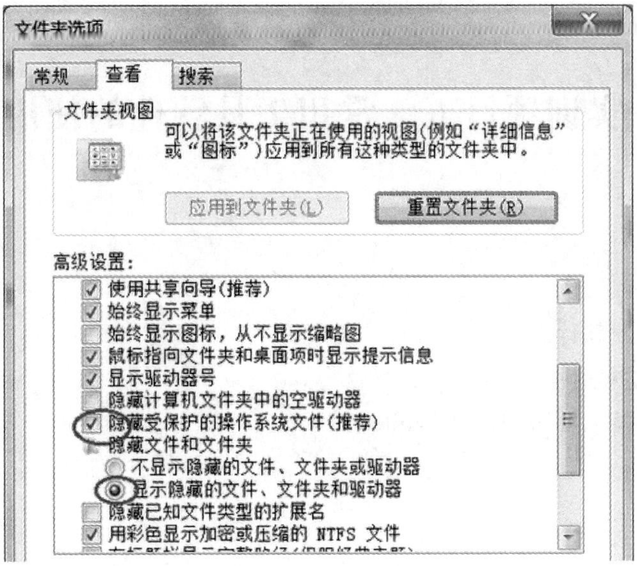

图 4-9　设置隐藏文件和文件夹

6．最后单击“确定”按钮保存设置即可。

7．现在再打开有隐藏文件的地方，可以发现，隐藏的文件已经显示出来了，如图 4-10 所示。

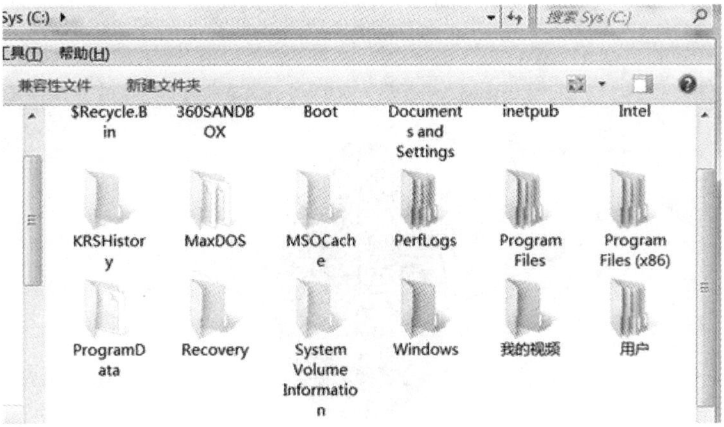

图 4-10　设置隐藏文件和文件夹后的效果

四、实训小结

Windows 常用的快捷键有哪些？

实训项目五　常用工具软件的使用

一、实训目的

1．学会应用画图软件。

2．学会应用截图软件。

3．学会应用压缩、解压缩软件 WinRAR。

二、实训要求

1．硬件资源：PC 一台/人。

2．软件资源：Windows 7 操作系统及系统自带的画图和截图工具软件，WinRAR 软件。

三、实训内容及步骤

（一）实训内容

用画图软件绘制七星瓢虫（图 5-1），并把主要过程截图，附简单文字说明，然后用压缩/解压缩工具打包。

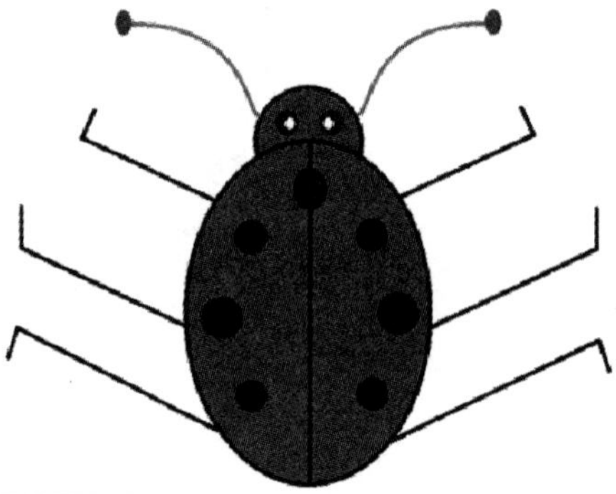

图 5-1　七星瓢虫

（二）实训步骤

1．启动画图软件。

操作步骤：

单击“开始”菜单，单击“画图”软件图标。

2．绘制七星瓢虫的身子，并截图保存。

（1）在“形状栏”中选择椭圆形工具，设置“轮廓”为纯色，“填充”为纯色，“粗细”为 5px，“颜色 1”为黑色。

（2）在绘图区拖动鼠标，绘制一个较小的椭圆形，在绘图框外单击“确定”按钮。然后再绘制一个大些的椭圆形，移动、叠加成图 5-2。

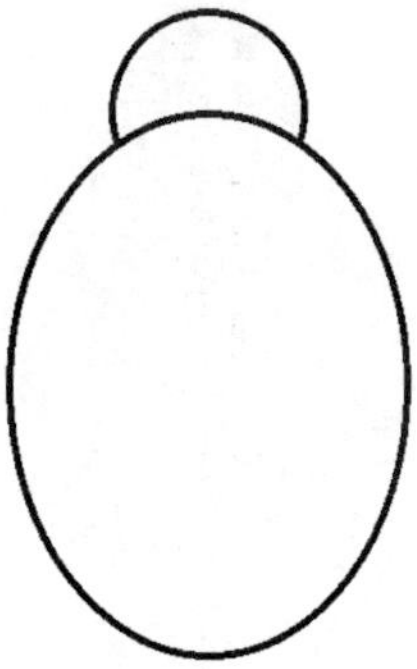

图 5-2　绘制七星瓢虫的身子

（3）用截图软件截图，并保存图形。

操作步骤：

单击“开始”菜单，选择“截图工具”命令，用鼠标在屏幕上拖动出一个窗口，框住要截取的七星瓢虫的身子。选择截图工具的“文件”→“另存为”命令，在 D 盘下创建文件夹“七星瓢虫”，保存图像到该文件夹中（后续的截图均保存到这里），命名为“身子”。

3．绘制七星瓢虫身上的装饰，并截图保存。

（1）选择直线工具，在大椭圆内画出一条居中的垂直线。

小技巧：按 Shift 键来绘制直线可以绘制水平、垂直或成 45°倾斜的直线。

（2）用椭圆形工具（设置“颜色 2”为黑色），在直线靠上的部分画一个实心的椭圆。

（3）用椭圆形工具，在直线的两侧画 6 个大小不等的实心正圆，注意左右对称，用截图软件截图和保存图形（图 5-3），文件名为“七星”。

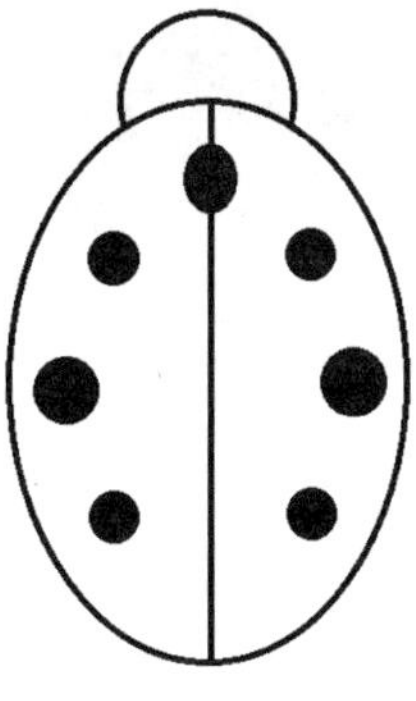

图 5-3　绘制分隔线和七星

小技巧：按 Shift 键结合椭圆形、四边形和星形工具等，可以绘制出正圆、正方形和正星形等。

（4）用椭圆形工具画出七星瓢虫的两只眼睛。

（5）用工具栏的“用颜色填充”工具（设置“颜色 1”为红色），将七星瓢虫的身子填充为红色。

（6）用截图软件截图并保存图形（图 5-4），文件名为“七星”。

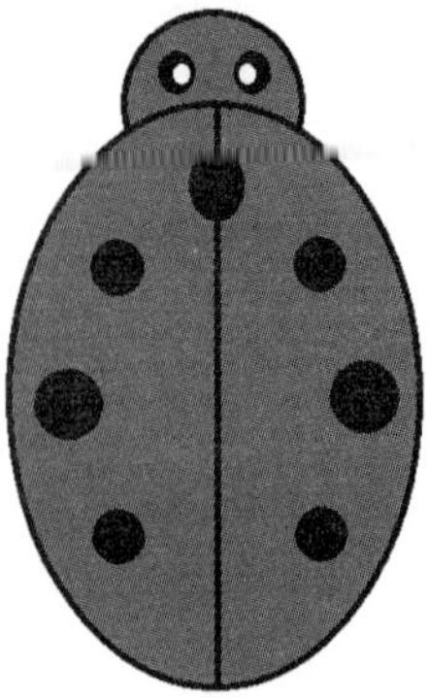

图 5-4　绘制眼睛及填色

4．绘制七星瓢虫的两只触角（图 5-5），并截图保存。

（1）用曲线工具（设置“颜色 1”为褐色）绘制触角的曲线。

曲线的绘制：先绘制连接曲线起点和终点间的直线，然后拖动鼠标指定第一个起点的切向及第二个起点的切向来实现曲线的绘制。

（2）用椭圆形工具（设置“颜色 1”和“颜色 2”均为红色），绘制触角上的点。

图 5-5　绘制触角

5．绘制七星瓢虫的脚，并截图保存。

（1）用直线工具（设置“颜色 1”为黑色），绘制七星瓢虫的六个脚，注意六个脚的对称。

（2）用截图软件截图，并保存图形（图 5-1），文件名为“七星瓢虫”。

6．附七星瓢虫绘制的简单文字说明。

在 D 盘“七星瓢虫”文件夹下创建“七星瓢虫绘制.txt”文件，在文件中输入七星瓢虫绘制的简单文字说明，并保存，如图 5-6 所示。

7．压缩/解压缩工具的应用。

用 WinRAR 压缩工具压缩 D 盘下的“七星瓢虫”文件夹（以便发送给需要的人）。

（1）下载、安装 WinRAR（若本机已经安装，则略过）。

（2）打开“计算机”的 D 盘，将鼠标指向“七星瓢虫”文件夹并右击，选择 添加到 "七星瓢虫.rar"(T) 命令，完成文件夹打包压缩。

（3）WinRAR 的其他主要功能。

1）解压缩。将鼠标指向压缩文件右击，用右击选项来解压缩，如图 5-7 所示。

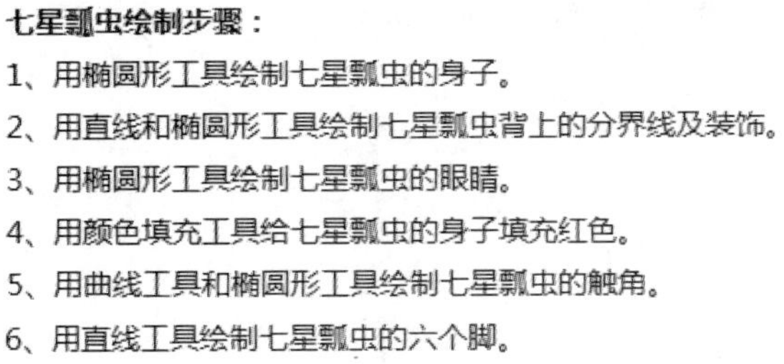
七星瓢虫绘制步骤：

1、用椭圆形工具绘制七星瓢虫的身子。

2、用直线和椭圆形工具绘制七星瓢虫背上的分界线及装饰。

3、用椭圆形工具绘制七星瓢虫的眼睛。

4、用颜色填充工具给七星瓢虫的身子填充红色。

5、用曲线工具和椭圆形工具绘制七星瓢虫的触角。

6、用直线工具绘制七星瓢虫的六个脚。

图 5-6　七星瓢虫绘制的文字说明

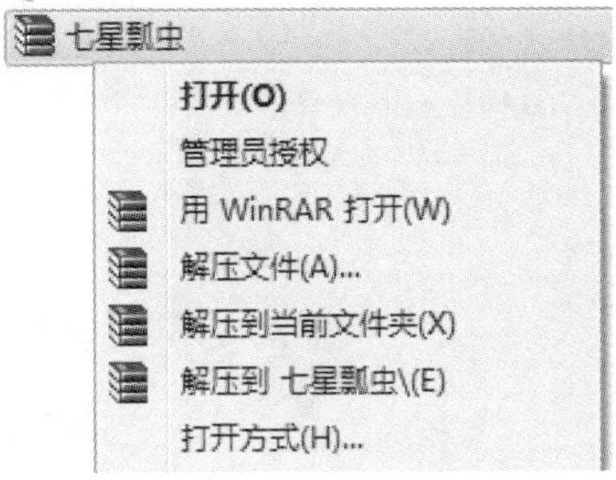

图 5-7　压缩包右击选项

- 用 WinRAR 打开(W)：打开 WinRAR 软件界面，进行文件压缩/解压缩控制。
- 解压文件(A)：用解压路径和选项窗口来控制文件的解压缩。
- 解压到当前文件夹(X)：把压缩包中的内容解压缩到当前文件夹。
- 解压到 七星瓢虫\(E)：把压缩包中的内容解压缩到当前路径，与当前压缩包同名（七星瓢虫）的文件夹中。

2）创建自解压格式。平时我们能对压缩包进行解压缩，原因是我们的计算机里已经安装有压缩/解压缩软件，如果计算机没有安装压缩/解压缩软件，那压缩包是解压不了的。创建自解压格式就是为了摆脱压缩包依赖于压缩/解压缩软件来使用的局面而设置的。以创建上述步骤（2）得到的压缩包的自解压格式为例。将鼠标指向“七星瓢虫.rar”文件并右击。如图 5-7 所示，用 用 WinRAR 打开(W) 命令打开 WinRAR 软件界面，如图 5-8 所示。

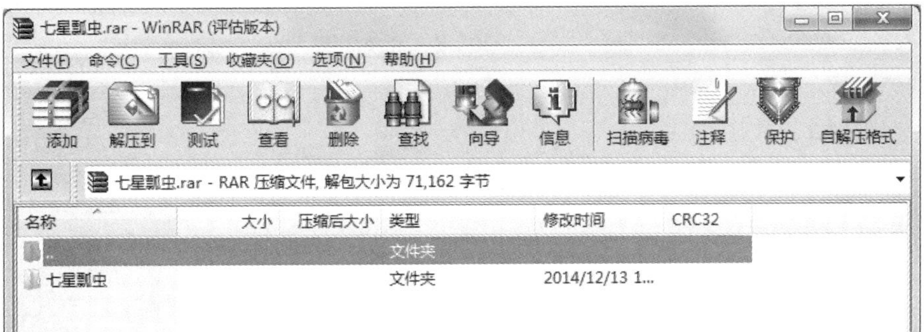

图 5-8　WinRAR 软件界面

单击右上角的“自解压格式”按钮，弹出如图 5-9 所示的“自解压格式”选项卡。

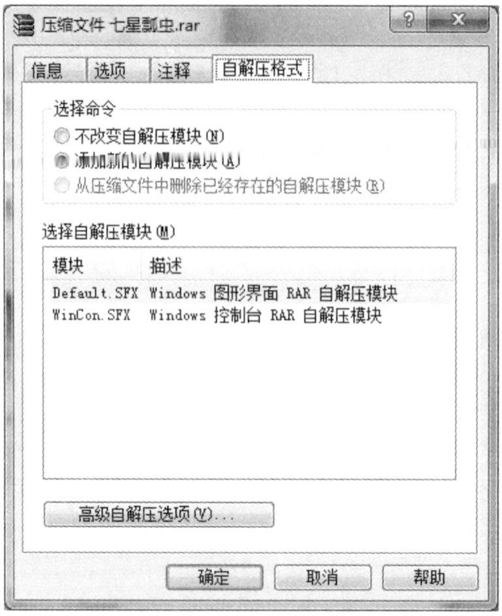

图 5-9 “自解压格式”选项卡

单击“确定”按钮，就可以创建压缩文件“七星瓢虫.rar”的自解压格式，如图 5-10 所示。

图 5-10 创建自解压格式结果

四、实训小结

1．在画图软件中用椭圆形工具绘制圆形，要结合什么键来使用？

2．自解压格式文件在没有安装压缩/解压缩软件的计算机上能解压缩吗？

实训项目六　文字处理软件 Word 的基本操作

一、实训目的

1．掌握 Word 的启动与退出，文档的创建与保存的方法。
2．掌握文字编辑及格式化设置的方法。
3．掌握插入表格、文本转换成表格、表格单元格的合并与拆分等操作方法。
4．初步掌握在 Word 文档中插入文件、特殊字符、图片等对象和对象格式设置方法。

二、实训要求

1．硬件资源：PC 一台/人。
2．软件资源：Windows 7 操作系统、Word 2010 软件、XM06 文件夹及素材。

三、实训内容与步骤

（一）实训内容

本实训项目通过对 W03B.docx 文档进行基本编辑，从而掌握在 Word 中保存文档、文字录入、字体和段落格式设置、查找和替换、图文混排、页面设置、表格编辑以及文本和表格之间的相互转换等的知识。

本实训项目最终效果如图 6-1 所示。

（二）实训步骤

打开 XM06 文件夹中的文档 W03B.docx，并对该文档按如下要求进行操作。请同学们在操作过程中随时保存好文档。保存快捷键为 Ctrl+S；或者单击“文件”选项卡中的“保存”。

1．保存文件。将刚打开的文档 W03B.docx 以“荷塘月色.docx”为文件名，保存在 XM06 文件夹中。（注意：“另存为”和“重命名”的区别。）

操作步骤：

单击“文件”选项卡→“另存为”，在弹出的“另存为”对话框中选择文件路径为 XM06 文件夹，在文件名文本框中输入“荷塘月色”，单击“确定”按钮完成保存，此时正在打开的文档文件名变为“荷塘月色.docx”。

2．录入文字。在正文第二段的末尾输入如下文字：

月光是隔了树照过来的，高处丛生的灌木，落下参差的斑驳的黑影，峭楞楞如鬼一般；弯弯的杨柳的稀疏的倩影，却又像是画在荷叶上。荷塘中的月色并不均匀；但光与影有着和谐的旋律，如梵婀玲上奏着的名曲。

操作步骤：

将光标定位在正文第二段文字末尾，然后输入如上文字。

荷塘月色

作者：朱自清

曲曲折折的荷塘上面，弥望的是田田的叶子。叶子出水很高，像亭亭的舞女的裙。层层的叶子中间，零星地点缀着些白花，有袅娜地开着的，有羞涩地打着朵儿的；正如一粒粒的明珠，又如碧天里的星星，又如刚出浴的美人。微风过处，送来缕缕清香，仿佛远处高楼上渺茫的歌声似的。这时候叶子与花也有一丝的颤动，像闪电般，霎时传过荷塘的那边去了。叶子本是肩并肩密密地挨着，这便宛然有了一道凝碧的波痕。叶子底下是脉脉的流水，遮住了，不能见一些颜色；而叶子却更见风致了。

月光如流水一般，静静地泻在这一片叶子和花上。薄薄的青雾浮起在荷塘里。叶子和花仿佛在牛乳中洗过一样；又像笼着轻纱的梦。虽然是满月，天上却有一层淡淡的云，所以不能朗照；但我以为这恰是到了好处——酣眠固不可少，小睡也别有风味的。月光是隔了树照过来的，高处丛生的灌木，落下参差的斑驳的黑影，峭楞楞如鬼一般；弯弯的杨柳的稀疏的倩影，却又像是画在荷叶上。荷塘中的月色并不均匀；但光与影有着和谐的旋律，如梵婀玲上奏着的名曲。

荷塘的四面，远远近近，高高低低都是树，而杨柳最多。这些树将一片荷塘重重围住；只在小路一旁，漏着几段空隙，像是特为月光留下的。树色一例是阴阴的，乍看像一团烟雾；但杨柳的丰姿，便在烟雾里也辨得出。树梢上隐隐约约的是一带远山，只有些大意罢了。树缝里也漏着一两点路灯光，没精打采的，是渴睡人的眼。这时候最热闹的，要数树上的蝉声与水里的蛙声；但热闹是它们的，我什么也没有。

忽然想起采莲的事情来了。采莲是江南的旧俗，似乎很早就有，而六朝时为盛；从诗歌里可以约略知道。采莲的是少年的女子，她们是荡着小船，唱着艳歌去的。采莲人不用说很多，还有看采莲的人。那是一个热闹的季节，也是一个风流的季节。梁元帝《采莲赋》里说得好：

♈于是妖童媛女，荡舟心许；鹢首徐回，兼传羽杯；櫂将移而藻挂，船欲动而萍开。尔其纤腰束素，迁延顾步；夏始春余，叶嫩花初，恐沾裳而浅笑，畏倾船而敛裾。

1

采莲南塘秋，莲花过人头；低头弄莲子，莲子清如水。今晚若有采莲人，这儿的莲花也算得"过人头"了；只不见一些流水的影子，是不行的。这令我到底惦着江南了。——这样想着，猛一抬头，不觉已是自己的门前；轻轻地推门进去，什么声息也没有，妻已睡熟好久了。

12/14/2014 1:44:26 PM

内容 项目			

科室	姓名	基本工资	奖金
人事科	李红	1200	600
保卫科	周生财	1400	500

图 6-1　实训项目六效果图

3．移动文本。将正文第三段和第四段调换位置，并将调换位置后的两个段落（即新的第三段和第四段）合并为一个段落。

操作步骤：

（1）选中第四段，右击，选择“剪切”命令，将光标定位到第三段第一个字符前，右击，选择“粘贴”命令。

（2）将光标定位在正文第三段文字末尾，按下 Delete 键，删除段落符号即可。

4．设置字体格式。

（1）在文档第一段的上面插入标题“荷塘月色”，并在标题的下面插入一行，并输入“作者：朱自清”。

操作步骤：

1）将光标定位在正文第一段第一个字符前，按下 Enter 键换行。

2）在第一行中输入标题“荷塘月色”，并按下 Enter 键换行。

3）在第二行中输入“作者：朱自清”。

（2）将文档的标题“荷塘月色”设为宋体，加粗，20 磅，字体颜色为绿色，文本效果为“填充-橄榄色，强调文字颜色 3，轮廓-文本 2”，并设置“紧密映像，接触”的映像效果和“橄榄色，18pt 发光，强调文字颜色 3”的发光效果，文本对齐为居中。

操作步骤：

选中文字，单击“开始”选项卡，在“字体”组中进行字体和文本效果设置，如图 6-2 和图 6-3 所示。

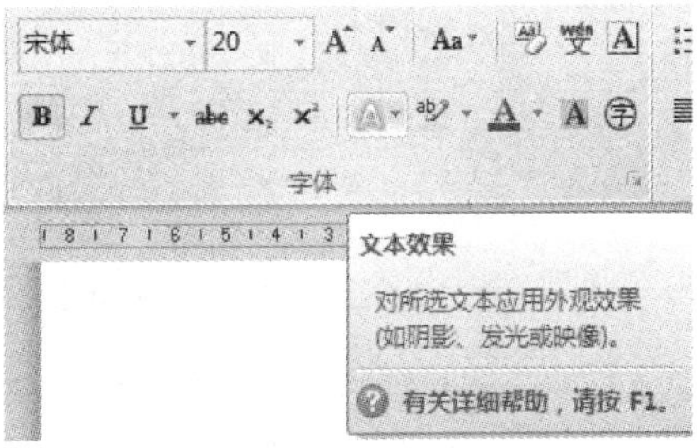

图 6-2　字体和文本效果设置

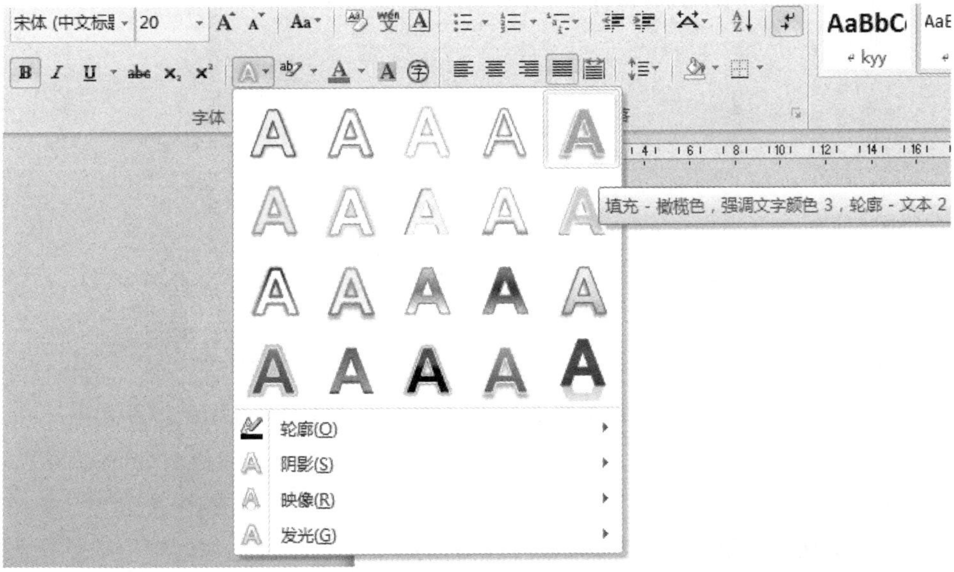

图 6-3　文本效果设置

（3）将文档的第二行“作者：朱自清”设为楷体，小四号字体，倾斜，绿色，文本对齐为右对齐。

操作步骤：选中文字，选择“开始”选项卡，在“字体”组中设置，如图 6-4 所示。

图 6-4　第二行文本设置

（4）将正文第一段的字符间距设为 1.6 磅。

操作步骤：

选中第一段文字，选择“开始”选项卡→“字体”组右下角对话框启动器按钮→“字体”对话框→“高级”选项卡，将“间距”设为“加宽”，“磅值”设为 1.6 磅，如图 6-5 所示。

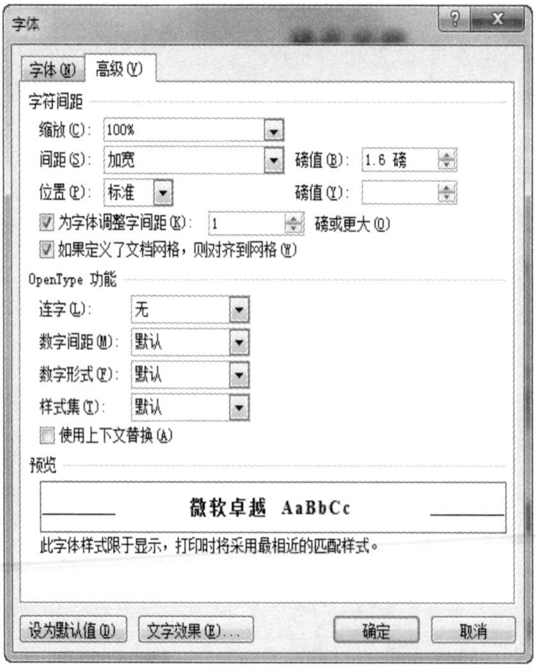

图 6-5　字符间距设置

5．设置段落格式。

（1）将正文各段落设置首行缩进两个汉字（0.75 厘米），行距为固定值 20 磅。并将正文第一段的行距修改为 1.8 倍，段前、段后间距均为 6 磅，对齐方式为两端对齐。

操作步骤：

1）选中正文所有段落，单击段落组对话框启动器按钮，弹出“段落”对话框，具体设置如图 6-6 所示。

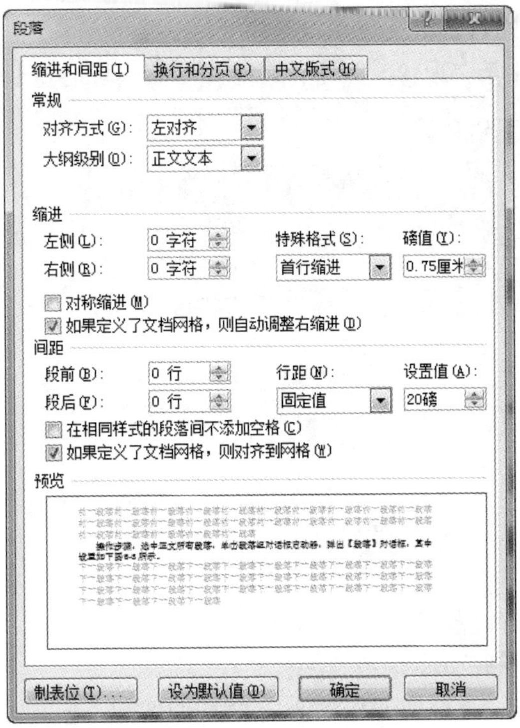

图 6-6　段落设置

2）选中正文第一段，设置行距和段前、段后间距，如图 6-7 所示。

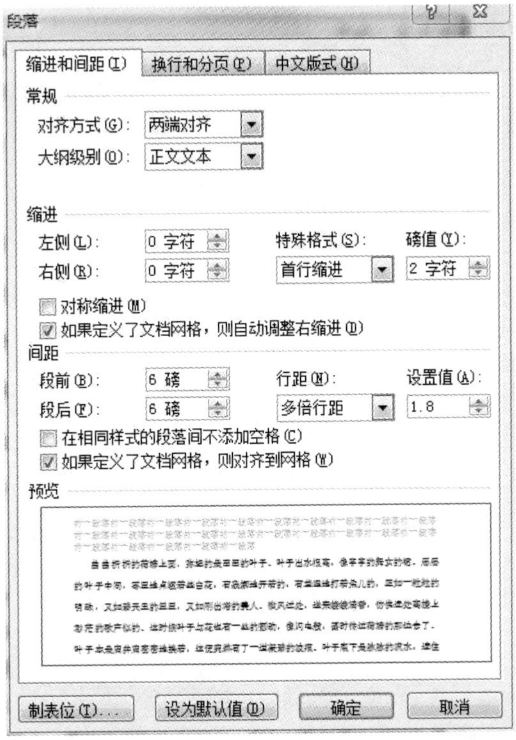

图 6-7　段落设置（对齐方式和间距）

（2）将正文第二段的首字下沉两行。

操作步骤：选中正文第二段第一个字符，选择“插入”选项卡→“文本”组→“首字下沉”→“首字下沉选项”，在弹出的“首字下沉”对话框中进行设置，如图 6-8 所示。

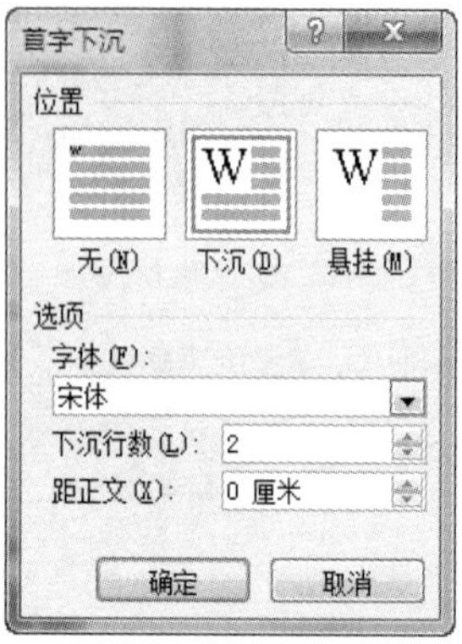

图 6-8　首字下沉设置

（3）将文档的第二行段落“作者：朱自清”加上 1.5 磅粗的、带阴影的蓝色边框并设置为橙色（橙色、强调文字颜色 6、淡色 60%）底纹。

操作步骤：选中文字，选择“开始”选项卡→“段落”组→“边框和底纹”命令，在弹出的对话框中进行设置，如图 6-9 至图 6-11 所示。

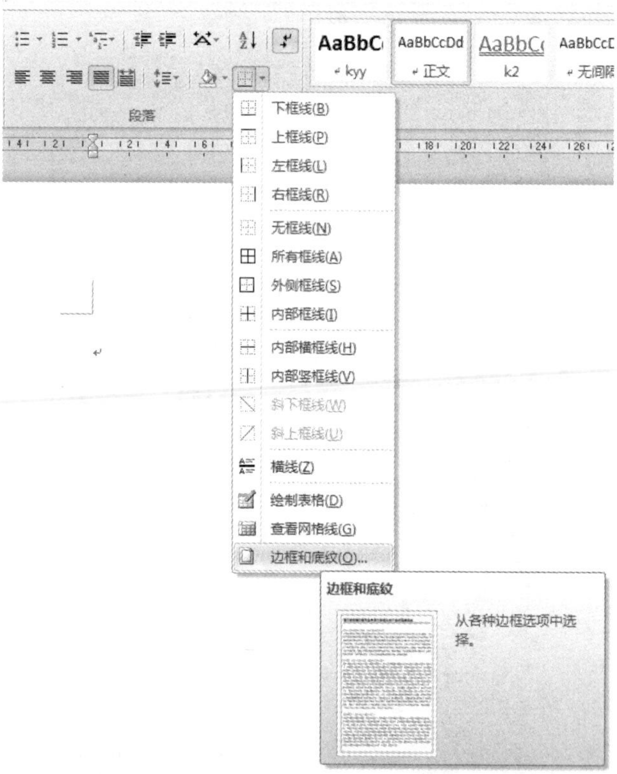

图 6-9　边框和底纹的位置

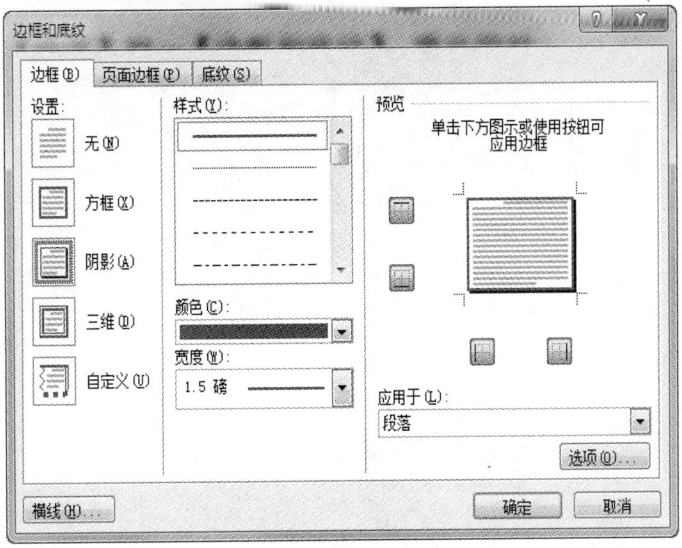

图 6-10　边框设置

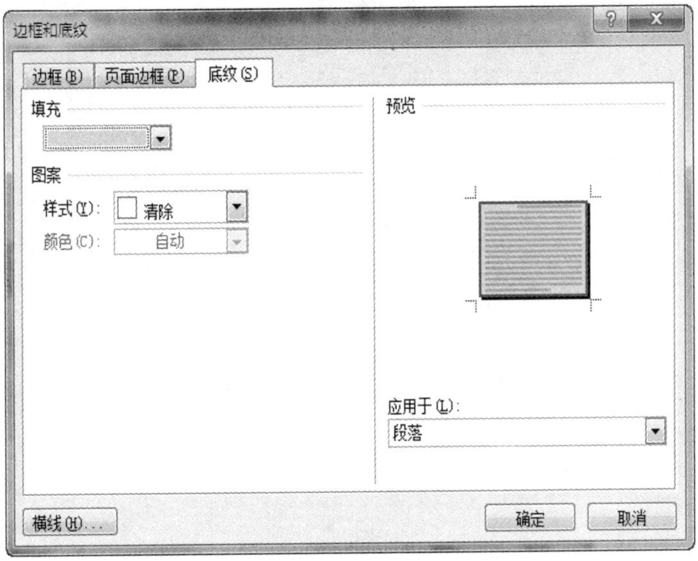

图 6-11　底纹位置

（4）给正文倒数第二段落第一个字符前加上符号“♈”。

操作步骤：将光标定位在正文倒数第二段开头，选择“插入”选项卡→“符号”组→“符号”→“其他符号”命令，在弹出的“符号”对话框中的“字体”下拉列表框中选择 Wingdings →“♈”符号，单击“确定”按钮退出，如图 6-12、图 6-13 所示。

6. 查找和替换文字。

（1）在文档中查找“叶籽”并替换为“叶子”。

操作步骤：选中正文所有段落，选择“开始”选项卡→“编辑”组→“替换”命令，弹出“查找和替换”对话框，在“查找内容”文本框中输入“叶籽”，在“替换为”文本框中输入“叶子”，单击“全部替换”按钮即可，如图 6-14 所示。

图 6-12　符号

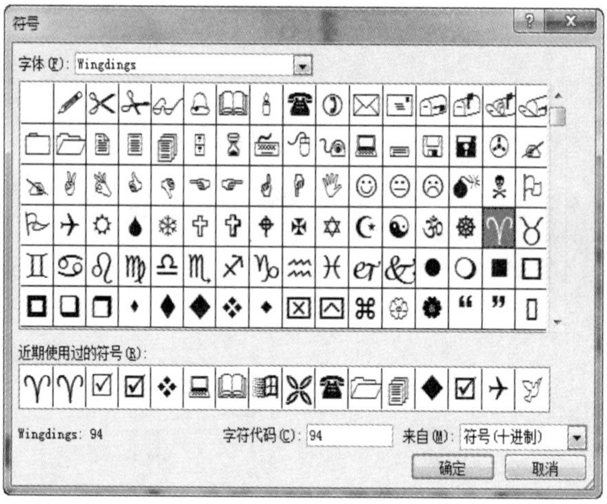

图 6-13　“符号”对话框

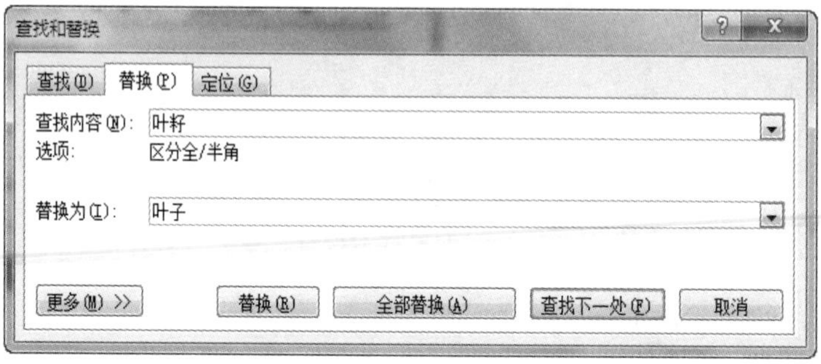

图 6-14　“查找和替换”对话框

（2）将文档第四段中的“采莲”改为绿色加粗并带着重号的“采莲”。

操作步骤：

1）在未选中任何段落的情况下，选择“开始”选项卡→“编辑”组→“替换”命令，弹出“查找和替换”对话框，在“查找内容”文本框中输入“采莲”，在“替换为”文本框中输入“采莲”。单击“更多>>”按钮，再次选中替换文本框中的“采莲”，选择“格式”→“字体”命令，弹出“替换字体”对话框，如图 6-15 所示。

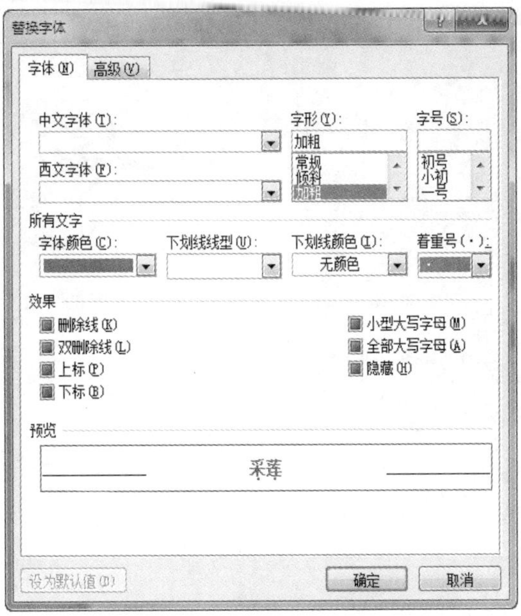

图 6-15 “替换字体”对话框

2）单击“确定”按钮，然后将光标定位在第四段，拖动鼠标选中第四段，单击“全部替换”命令，在出现的提示对话框中选择“否”即可完成操作。

7．制作图文混排效果。插入文件夹中的图片荷塘月色.jpg，并设置宽度和高度为 6 厘米，图片样式为矩形投影，自动换行为紧密型环绕，放置在第一、二段文字右侧。

操作步骤：

（1）将光标定位在第一段末尾，选择“插入”选项卡→“插图”组→“图片”命令，在弹出的对话框中选择图片位置，单击“插入”按钮，将图片插入到文档中。

（2）选定已插入的图片，右击，选择“大小和位置”→“大小”选项，取消勾选“锁定纵横比”复选框，设置图片的高度和宽度。

（3）选定已插入的图片，选择“格式”选项卡→“图片样式”命令，选中“矩形投影”选项，如图 6-16 所示，并设置“自动换行”为“紧密型环绕”。调整图片位置，放置在第一、二段右侧。

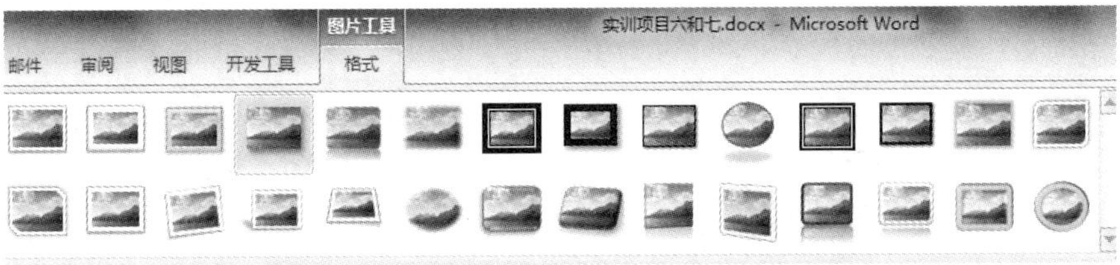

图 6-16 图片样式选择

8．添加时间和日期。在正文最后一段另起一段，添加日期和时间，“格式设置为 1/1/2001 11:06:06 PM”并设置自动更新，设置右对齐。

操作步骤：将光标定位在最后一段，另起一行，选择“插入”选项卡→“文本”组→“日期和时间”命令，在弹出的对话框中设置语言为英语（美国），并选择相应的可用格式，如图 6-17 所示。

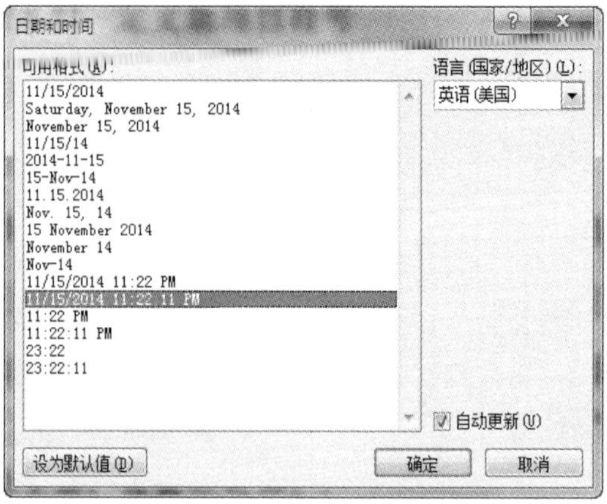

图 6-17　日期和时间设置

9．制作表格。在文档末尾另起一段插入表格（图 6-18）：将表格的第一行底纹颜色设置为“紫色，强调文字颜色 4，淡色 40%”；表格外框设置为蓝色双实线（宽度为 1.5 磅），内部为绿色细实线（宽度为 1.0 磅）。

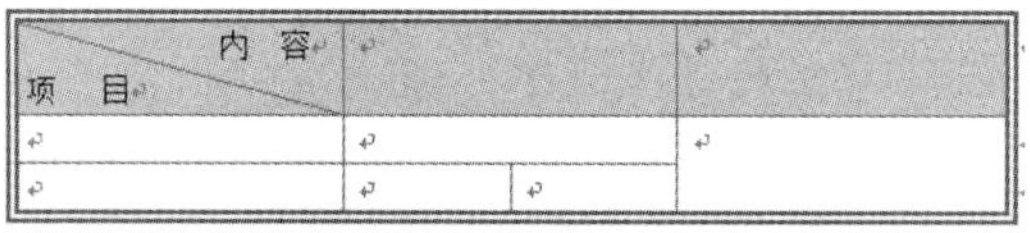

图 6-18　表格

操作步骤：

（1）将光标定位在最后一段，另起一行，选择“插入”选项卡→“表格”组→“表格”→“插入表格”命令，在弹出的对话框中设置好行数和列数（3 行 3 列），单击“确定”按钮即可。

（2）选定表格第一行，单击“设计”选项卡→“表格样式”组→“底纹”下拉按钮，设置底纹，如图 6-19 所示。

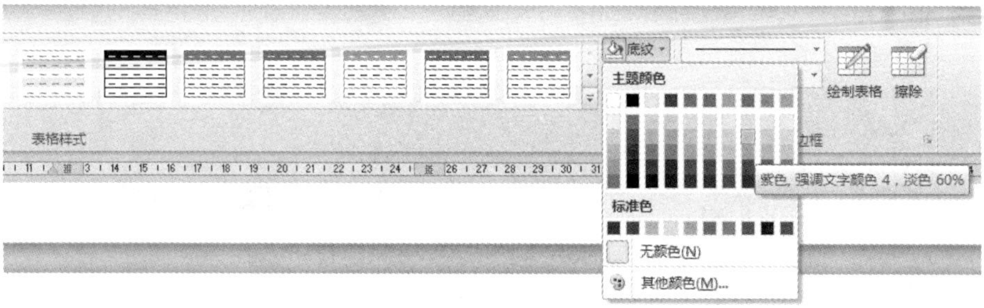

图 6-19　设置单元格底纹

（3）选定整个表格，右击，选择“边框和底纹”命令，弹出“边框和底纹”对话框，具体设置如图 6-20 所示。先选择“自定义”命令，再设置样式为双实线、蓝色，在预览框单击四条外边框，应用蓝色双实线效果。然后选中细实线，设置颜色为绿色，在预览框单击对角线中点，即可设置好内部绿色细实线的效果。

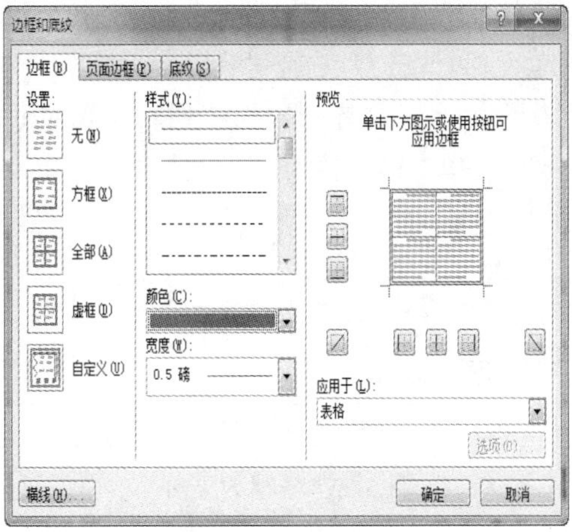

图 6-20　边框的设置

（4）将光标定位在第一行第一列单元格中，选择“设计”选项卡→“绘图边框”组→“绘制表格”命令，此时鼠标变成一支笔，在单元格上画上一根对角线。再次单击“绘制表格”按钮，取消选择。再次将光标定位在对角线单元格中，输入右上角文字，利用空格键将内容放置在单元格右侧。按下 Enter 键，将光标定位在当前单元格的第二行中，输入文字。

（5）同时选中第二行第三列单元格以及第三行第三列单元格，右击，选择“合并单元格”命令，将光标定位在第三行第二列单元格，右击，选择“拆分单元格”命令，将当前单元格拆分为两列。

10. 将文本转换为表格。在文档末尾另起一段，插入一个下一页的分节符，在第二页中插入 XM06\WIB.txt 文件，然后按下列要求完成操作。

（1）将插入的文本文字转换为一个 3 行 5 列的表格。

（2）删除表格的最后一列，在末行后面再插入一新行，并将第四行中第二、三列的单元格合并，将第四行第四列单元格拆分为两列。

（3）设置表格单元格内文本水平居中，垂直居中对齐。

操作步骤：

1）将光标定位在文档末尾，按 Enter 键另起一行，选择“页面布局”选项卡→“页面设置”组→“分隔符”→“下一页”命令，即可插入一个分节符。

2）选择“插入”选项卡→“文本”组→“对象”→“文件中的文字”命令，在弹出的对话框中选择 XM06\ WIB.txt 文件，单击“插入”按钮，即可插入一个外部文件中的文字。

3）选定插入的文本文字，选择“插入”选项卡→“表格”→“文本转换成表格”命令，设置好行列，特别是文字分隔位置的字符，即可实现将文字转换成表格，如图 6-21 所示。

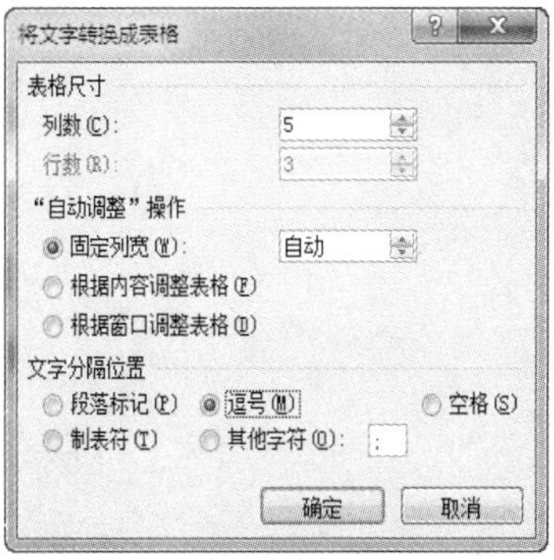

图 6-21　将文字转换成表格

4）选中最后一列，选择“表格工具”→“布局”→“删除”→“删除列”命令。将光标定位在最后一行中，选择“表格工具”→“布局”→“行和列”→“在下方插入”命令。同时选中第四行中第二、三列的单元格，右击，选择“合并单元格”命令。选中第四行第四列单元格，右击，选择“拆分单元格”命令，选择列数为 2 列，行数为 1 行，单击“确定”按钮。

5）选定整个表格，右击，选择“单元格对齐方式”命令，按要求选择对齐方式项。

最终效果如图 6-22 所示。

<table>
<tr><td>科室</td><td>姓名</td><td>基本工资</td><td colspan="2">奖金</td></tr>
<tr><td>人事科</td><td>李红</td><td>1200</td><td colspan="2">600</td></tr>
<tr><td>保卫科</td><td>周生财</td><td>1400</td><td colspan="2">500</td></tr>
<tr><td></td><td colspan="2"></td><td></td><td></td></tr>
</table>

图 6-22　表格效果图

11．插入页码及页面设置。在页面底端（页脚）居中处插入页码。页面设置：纸张大小为 A4，页边距上、下各为 2.5、2.0 厘米，左右均为 2.4 厘米。

操作步骤：

（1）插入页码：选择“插入”→“页眉和页脚”→“页码”→“页面底端”→“普通数字 2”命令。

（2）页面设置：选择“页面布局”→“页面设置”命令，设置纸张大小为 A4，然后选择“页边距”，设置好页边距参数，在“应用于”下拉列表框中选择“整篇文档”，最后单击“确定”按钮，如图 6-23 所示。

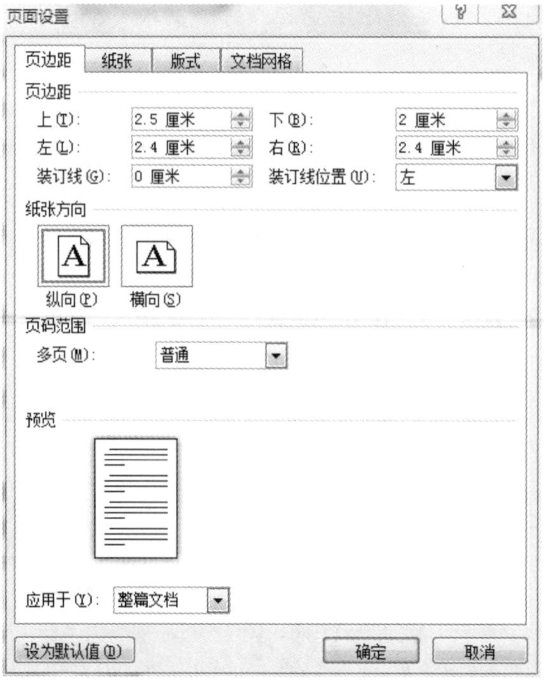

图 6-23　“页面设置”对话框

12．保存文档。保存快捷键为 Ctrl+S。

四、强化训练

（一）制作公司邀请函

打开 XM06 文件夹中的“邀请函.docx”文档。制作图章，如图 6-24 所示。

图 6-24　图章制作最终效果图

1．输入公司邀请函的标题“喜洋洋广告公司开业典礼邀请函”。并设置标题文字为黑体、二号、加粗、居中、字符间距加宽 3 磅。

2．将正文设置为：华文中宋、小四号、首行缩进 2 字符、1.5 倍行距。

3．将“喜洋洋广告有限公司”和“2015 年 1 月 6 日”两段文字设置为右对齐，并设置“喜洋洋广告有限公司”段前 2 行。

4．绘制一个基准图章。

（1）绘制一直径为 4.2cm，边框粗细为 3 磅，红色、无填充色的圆。

（2）插入艺术字。插入艺术字“喜洋洋广告有限公司”，采用第 1 行第 2 列样式，宋体、22 磅，形状为上弯弧，填充和轮廓颜色为红色，自动换行为紧密型环绕，适当调整大小，调节黄色变形句柄使文字约占 3/4 圆弧。

（3）绘制五角星。绘制五角星图形，填充轮廓颜色为红色，调整其大小，使直径等于 1.4cm。

（4）对象对齐与组合。将圆、艺术字、五角星组合成一图章，如图 6-25 所示。

图 6-25　图章效果图

（5）将组合图章放入文档中的指定位置，样文如图 6-24 所示。

（二）文字录入及处理

创建一个空白文档，并录入如图 6-26 所示的文本。

Shift+Home：从光标处选至该行开头处。
Shift+End：从光标处选至该行结尾处。
Ctrl+Shift+Home：从光标处选至文件开头处。
Ctrl+Shift+End：从光标处选至文件结尾处。
Shift+移动光标：逐字逐行地选中文本。
Shift+Alt+单击：可选中原光标所在位置。

图 6-26　输入文本

并进行如下操作：

（1）将文档中的 6 组快捷键文字前面分别加上①～⑥编号。

（2）将⑤、⑥两部分内容进行位置对换，并修改编号。

（3）设置分栏：将①～⑥内容分成两栏，有分隔线，栏宽相等，栏间距为 2 字符。

（4）把编辑好的文档以 JC.docx 文件名保存到 T□文件夹中。

（三）制作如图 6-27 所示的表格

商　业　承　兑　汇　票

出票日期

（大写）　　　　　　年　　月　　日

<table>
<tr><td rowspan="3">付款人</td><td>全　　称</td><td colspan="2"></td><td rowspan="3">收款人</td><td>全　　称</td><td colspan="10"></td></tr>
<tr><td>账　　号</td><td colspan="2"></td><td>账　　号</td><td colspan="10"></td></tr>
<tr><td>开户银行</td><td colspan="2"></td><td>开户银行</td><td colspan="10"></td></tr>
<tr><td colspan="2" rowspan="2">出票金额</td><td colspan="4" rowspan="2">人民币
（大写）</td><td>千</td><td>百</td><td>十</td><td>万</td><td>千</td><td>百</td><td>十</td><td>元</td><td>角</td><td>分</td></tr>
<tr><td></td><td></td><td></td><td></td><td></td><td></td><td></td><td></td><td></td><td></td></tr>
<tr><td colspan="2">汇票到期日</td><td></td><td colspan="2" rowspan="2">付款人
开户行</td><td>行　号</td><td colspan="10"></td></tr>
<tr><td colspan="2">交易合同号码</td><td></td><td>地　址</td><td colspan="10"></td></tr>
<tr><td colspan="4">备注</td><td colspan="12"></td></tr>
</table>

图 6-27　商业承兑汇票表

五、实训小结

1．如何设置文字效果？在对不同格式文字的替换操作中，应注意哪些问题？

2．如何在文档中插入自选图形或软件已有的剪贴画？其格式又如何设置？操作上有何异同？

3．如何设置艺术字、文本框、图形等对象的阴影样式和三维效果样式？

4．将当前打开的文件以新文件名另存后，当前窗口的标题栏上显示的是什么文件名？

5．在 Word 中创建表格后，如何设置不同的内外边框？

实训项目七　文字处理软件 Word 的综合应用

一、实训目的

1．掌握文档段落格式的设置方法。

2．掌握边框、底纹和背景等格式的设置方法。

3．掌握首字下沉、分栏等文本格式的设置方法。

4．掌握 Word 表格转换成文本、表格编辑及格式化的方法。

5．掌握文档的页面设置方法。

二、实训要求

1．硬件资源：PC 一台/人。

2．软件资源：Windows 7 操作系统、Word 2010、XM07 文件夹及资源。

三、实训内容及步骤

（一）实训内容

本实训项目通过对 W03C.docx 文档进行综合编辑，从而使学生掌握在 Word 中保存文档、字体和段落格式的高级设置、边框和底纹、项目符号、查找和替换的高级设置、文本框的使用、插入脚注、分栏、水印效果、分节符、页眉页脚以及页面设置等的知识。

本实训项目最终效果如图 7-1 所示。

（二）实训步骤

打开 XM07 文件夹下的文档 W03C.docx，并对该文档按如下要求进行操作。请同学们在操作过程中随时保存好文档。保存快捷键为 Ctrl+S；或者选择“文件”选项卡→“保存”命令。

1. 保存文件。将刚打开的文档 W03C.docx 以“计算机简介.docx”为文件名，保存在 XM07 文件夹中。

操作步骤：

选择“文件”选项卡→“另存为”命令，在弹出的“另存为”对话框中选择文件路径为 XM07 文件夹，在文件名文本框中输入“计算机简介”，单击“确定”按钮完成，此时正在打开的文档文件名变为“计算机简介.docx”。

2．设置字体格式。将标题段文字“计算机简介”设置为微软雅黑、一号、加粗、“紫色，强调文字颜色 4，深色 25%”、居中。正文部分的汉字设置为宋体，英文设置为 Verdana 体，字号为小四号。

操作步骤：

（1）选定标题段文字，单击“开始”选项卡→“字体”组相应的功能按钮。

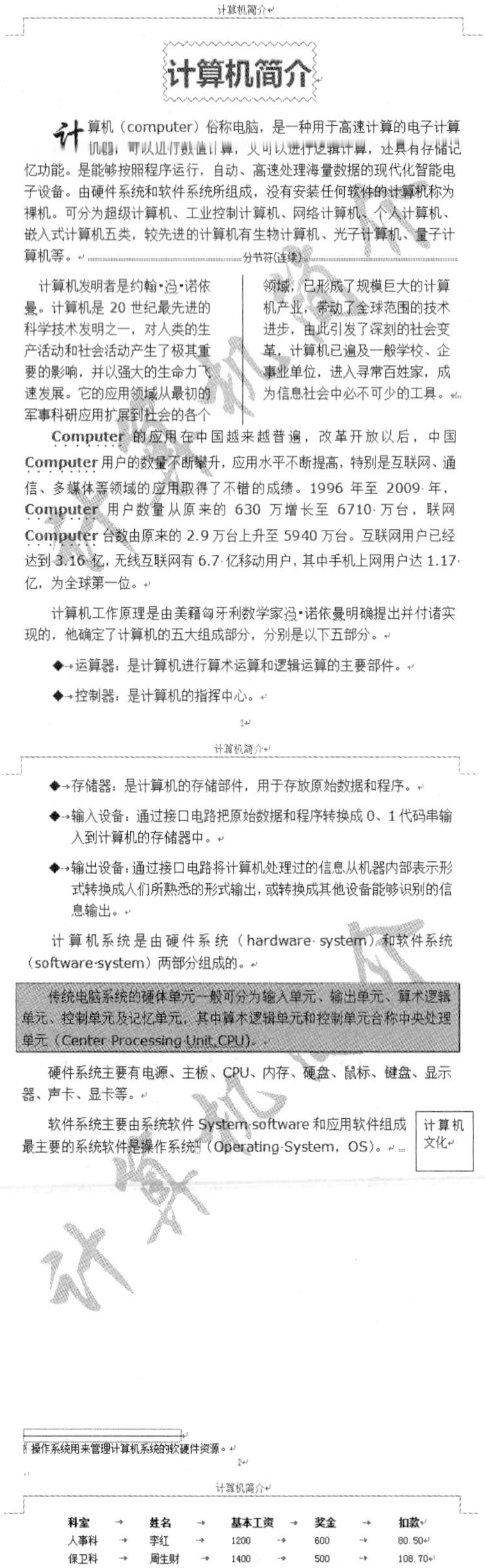
计算机简介

计算机简介

计算机（computer）俗称电脑，是一种用于高速计算的电子计算机器，可以进行数值计算，又可以进行逻辑计算，还具有存储记忆功能。是能够按照程序运行，自动、高速处理海量数据的现代化智能电子设备。由硬件系统和软件系统所组成，没有安装任何软件的计算机称为裸机。可分为超级计算机、工业控制计算机、网络计算机、个人计算机、嵌入式计算机五类，较先进的计算机有生物计算机、光子计算机、量子计算机等。

分节符(连续)

计算机发明者是约翰·冯·诺依曼。计算机是 20 世纪最先进的科学技术发明之一，对人类的生产活动和社会活动产生了极其重要的影响，并以强大的生命力飞速发展。它的应用领域从最初的军事科研应用扩展到社会的各个领域，已形成了规模巨大的计算机产业，带动了全球范围的技术进步，由此引发了深刻的社会变革，计算机已遍及一般学校、企事业单位，进入寻常百姓家，成为信息社会中必不可少的工具。

Computer 的应用在中国越来越普遍，改革开放以后，中国 Computer 用户的数量不断攀升，应用水平不断提高，特别是互联网、通信、多媒体等领域的应用取得了不错的成绩。1996 年至 2009 年，Computer 用户数量从原来的 630 万增长至 6710 万台，联网 Computer 台数由原来的 2.9 万台上升至 5940 万台。互联网用户已经达到 3.16 亿，无线互联网有 6.7 亿移动用户，其中手机上网用户达 1.17 亿，为全球第一位。

计算机工作原理是由美籍匈牙利数学家冯·诺依曼明确提出并付诸实现的，他确定了计算机的五大组成部分，分别是以下五部分。

- 运算器：是计算机进行算术运算和逻辑运算的主要部件。
- 控制器：是计算机的指挥中心。

1

计算机简介

- 存储器：是计算机的存储部件，用于存放原始数据和程序。
- 输入设备：通过接口电路把原始数据和程序转换成 0、1 代码串输入到计算机的存储器中。
- 输出设备：通过接口电路将计算机处理过的信息从机器内部表示形式转换成人们所熟悉的形式输出，或转换成其他设备能够识别的信息输出。

计算机系统是由硬件系统（hardware system）和软件系统（software system）两部分组成的。

传统电脑系统的硬体单元一般可分为输入单元、输出单元、算术逻辑单元、控制单元及记忆单元，其中算术逻辑单元和控制单元合称中央处理单元（Center Processing Unit,CPU）。

硬件系统主要有电源、主板、CPU、内存、硬盘、鼠标、键盘、显示器、声卡、显卡等。

软件系统主要由系统软件 System software 和应用软件组成最主要的系统软件是操作系统[1]（Operating System，OS）。

计算机文化

[1] 操作系统用来管理计算机系统的软硬件资源。

2

计算机简介

科室	姓名	基本工资	奖金	扣款
人事科	李红	1200	600	80.50
保卫科	周生财	1400	500	108.70

图 7-1 实训项目七效果图

（2）选定标题段文字，选择“开始”选项卡→“段落”组→“居中”命令。

（3）选中正文所有段落文字，单击“开始”选项卡→“字体”组对话框启动器按钮，弹出“字体”对话框，具体设置如图 7-2 所示。

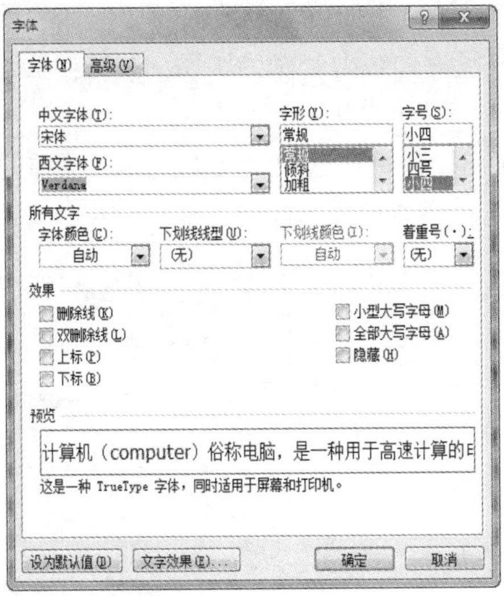

图 7-2　字体设置

3．设置段落格式。将正文各段落首行缩进 2 字符，行距为“1.2 倍行距”，段前、段后间距为 0.5 行。设置正文第一段首字下沉，下沉行数为 2 行，首字字体为华文行楷。

操作步骤：

（1）选定正文文字，单击“开始”选项卡→“段落”组右下方的对话框启动器按钮，弹出“段落”对话框，具体设置如图 7-3 所示。

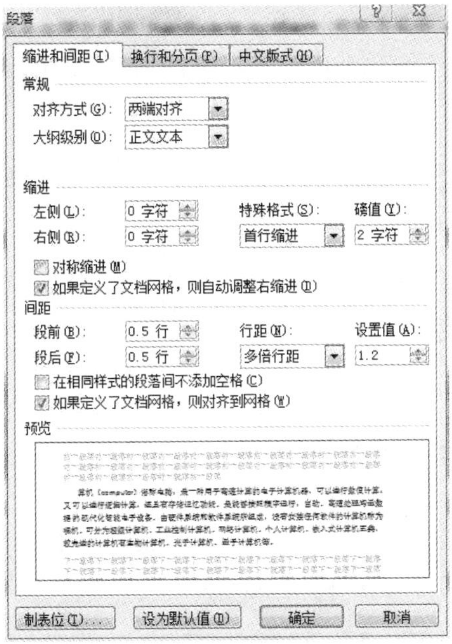

图 7-3　段落格式的设置

（2）选中正文第一段第一个字符，单击“插入”选项卡→“文本”组中的“首字下沉”按钮，在下拉列表框中选择“首字下沉选项”命令，弹出“首字下沉”对话框，具体设置如图 7-4 所示。

4．设置边框和底纹。给标题文字加蓝色单波浪线边框（蓝色 RGB 值为：0，0，255），框线粗 1.5 磅，并给倒数第 3 段添加线型宽度为 1 磅的蓝色阴影边框和浅绿色底纹。

操作步骤：

（1）选中标题文字，选择“开始”选项卡→“段落”组中的“边框和底纹”命令，弹出“边框和底纹”对话框，设置如图 7-5 所示，务必注意边框的设置应用于文字。

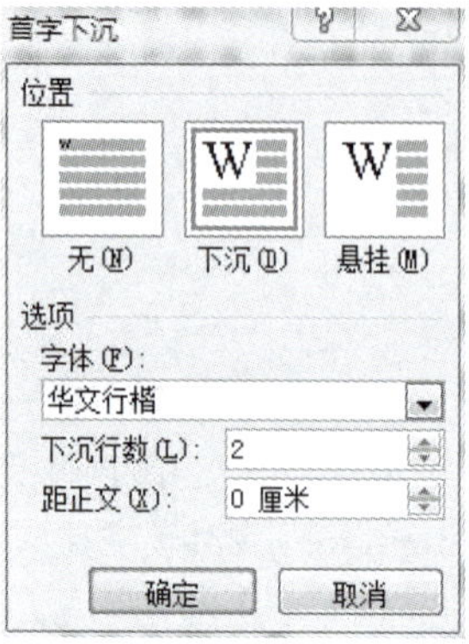

图 7-4　首字下沉设置

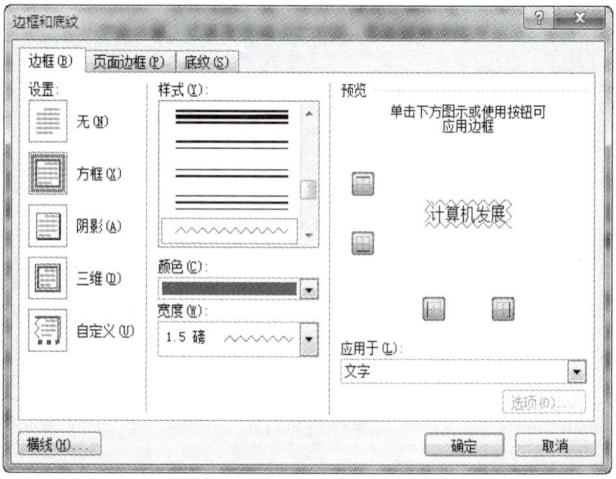

图 7-5　边框设置

（2）选中倒数第三段文字，选择“开始”选项卡→“段落”组中的“边框和底纹”命令，弹出“边框和底纹”对话框，先设置“阴影”，再选择“蓝色”和“宽度”为 1.0 磅，应用于“段落”；然后切换到“底纹”选项卡，设置浅绿色底纹，应用于“段落”，如图 7-6、图 7-7 所示。

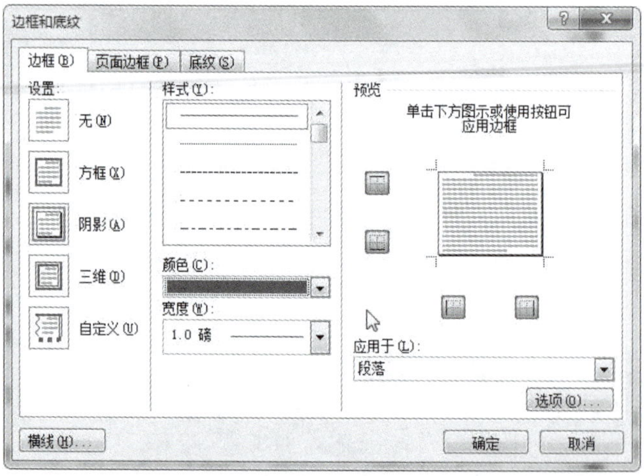

图 7-6　阴影设置

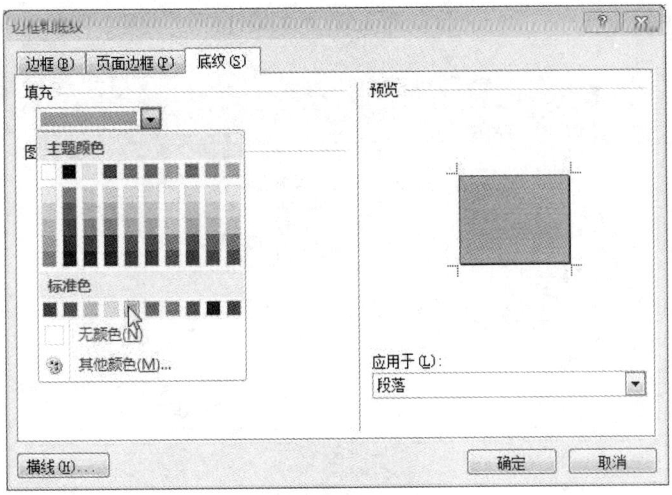

图 7-7　底纹设置

5．设置项目符号。给正文第 5～9 段加上项目符号“◆”。

操作步骤：选中第 5～9 段，选择“开始”选项卡→“段落”组→“项目符号”命令，在“项目符号库”中找到“♈”符号。若是在默认的项目符号库找不到符号，则可选择“定义新项目符号”→“符号”命令，在弹出的“符号”对话框中的“字体”下拉列表框中选择 Wingdings 命令，在弹出的对话框中找到需要的符号，单击“确定”按钮退出，如图 7-8、图 7-9 所示。

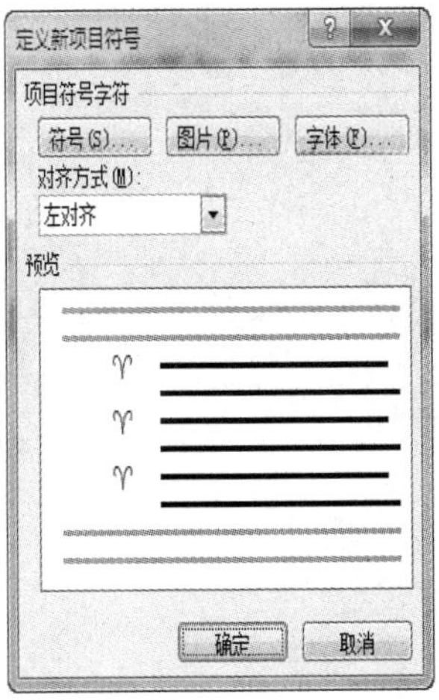

图 7-8　定义新项目符号

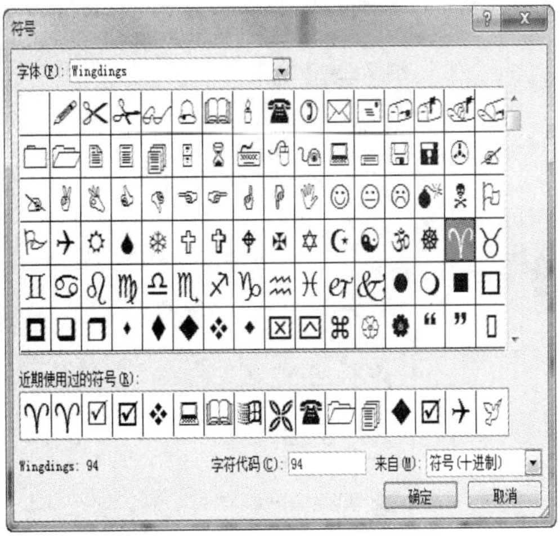

图 7-9　“符号”对话框

6．查找和替换文字。将正文第三段中所有“计算机”替换为紫色、加粗、带着重号的 Computer。

操作步骤：

（1）单击“开始”选项卡→“编辑”组中的“替换”按钮，弹出“查找和替换”对话框，在“查找内容”文本框中输入“计算机”，在“替换为”文本框中输入 Computer。

（2）单击“更多（M）>>”按钮，设置“搜索”为“向下”。再次选中“替换为”文本框中的 Computer，选择左下角“格式”→“字体”命令，弹出“替换字体”对话框，具体设置如图 7-10 所示。

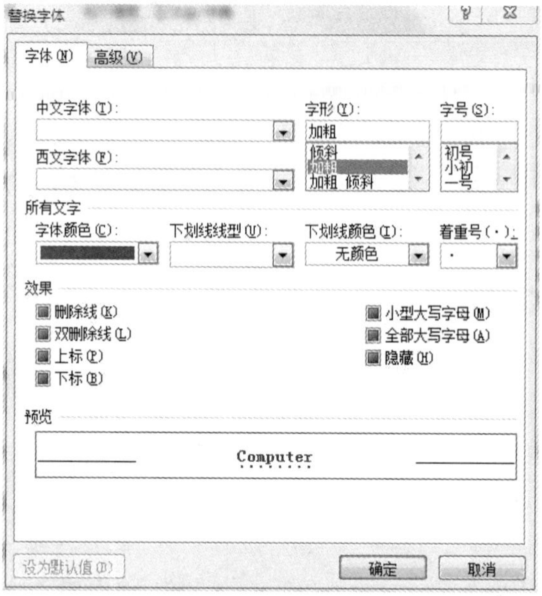

图 7-10　“替换字体”对话框

（3）选中正文第三段，单击“全部替换”按钮，即可完成操作。“查找和替换”对话框中的设置如图 7-11 所示。

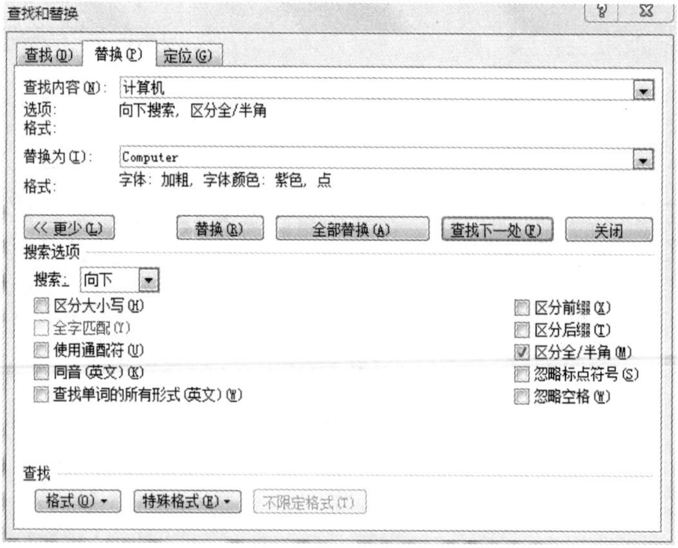

图 7-11　“查找和替换”对话框

7. 插入文本框及设置其效果。在文档最后一段中，插入一个横排文本框，输入“计算机文化”文字到文本框中，设置文本框的环绕方式为紧密型，放置在当前段落的右侧。

操作步骤：

（1）将光标定位在文档末尾，单击“插入”选项卡→“文本”组→“文本框”按钮，在下拉列表框中选择“绘制文本框”命令，当鼠标指针变成十字架形状时，按住左键不放拖动，即可生成一个文本框，并在文本框中输入文字。

（2）选定文本框，选择“格式”选项卡→“排列”组→“自动换行”→“紧密型环绕”命令。

8．插入脚注。选中最后一段中的“操作系统”插入脚注，脚注内容为：操作系统用来管理计算机系统的软硬件资源。

操作步骤：选中最后一段中的“操作系统”，单击“引用”选项卡→“脚注”组中的“插入脚注”按钮，此时光标跳转到当前页底部，输入脚注内容。

9．分栏。将正文第二段分成两栏，栏宽设置为 18 字符，并添加分隔线。

操作步骤：选中第二段，选择“页面布局”选项卡→“页面设置”组→“分栏”→“更多分栏”命令，弹出“分栏”对话框，设置如图 7-12 所示。

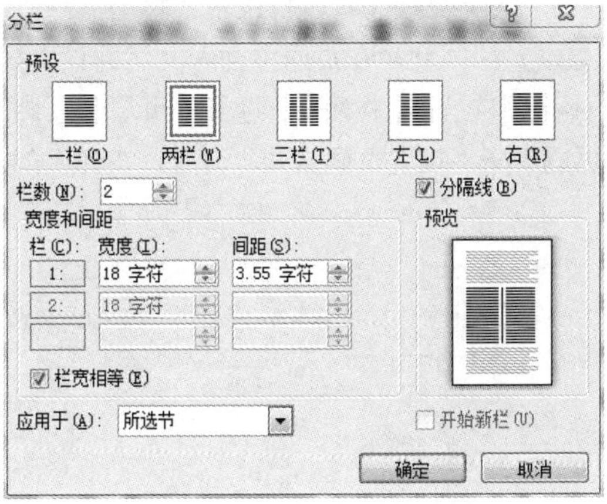

图 7-12　“分栏”对话框

10．设置水印背景：设置文字为“计算机简介”水印背景，字体为华文行楷，96 磅，红色，版式为斜式，半透明，存盘退出。

操作步骤：选择“页面布局”选项卡→“页面背景”组→“水印”→“自定义水印”命令，在弹出来的“水印”对话框中进行设置，如图 7-13 所示。

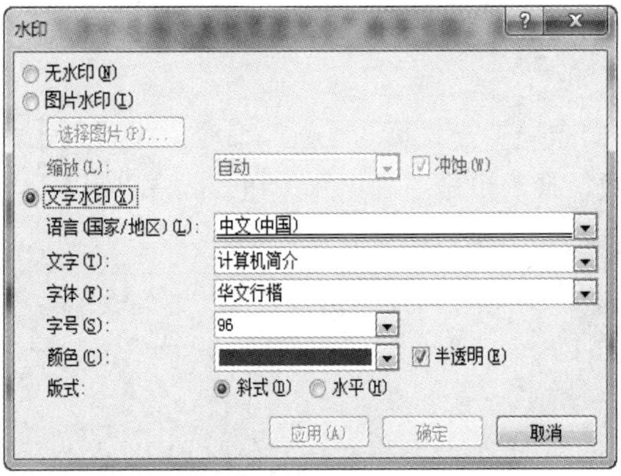

图 7-13　水印设置

11．分节符的使用和插入外部文档。在文档末尾另起一段插入一个分节符，在第二页中插入 XM07\NWIB.docx 文件，并将插入的表格转换成文本。

操作步骤：

（1）将光标定位在文档末尾，单击“页面布局”→“页面设置”组→“分隔符”→“分节符”→“下一页”。

（2）插入文件：选择“插入”选项卡→“文本”组→“对象”→“文件中的文字”命令，找到相应的路径，选择文件插入到文档中。

（3）选定新插入的表格，单击“布局”选项卡→“数据”组→“转换为文本”按钮。

12．设置页眉页脚。页眉处插入文字“计算机简介”，居中对齐。页脚居中插入页码“-1-”格式。

操作步骤：

（1）选择“插入”选项卡→“页眉和页脚”组→“页眉”→“编辑页眉”命令。此时进入“页眉和页脚”视图状态，光标闪动，在页眉中插入文字并设置居中对齐。

（2）将光标定位在页脚上，设置居中对齐，选择“页眉和页脚工具”→“设计”选项卡→“页眉和页脚”组→“页码”→“设置页码格式”命令，在弹出的对话框中进行设置，如图 7-14 所示。

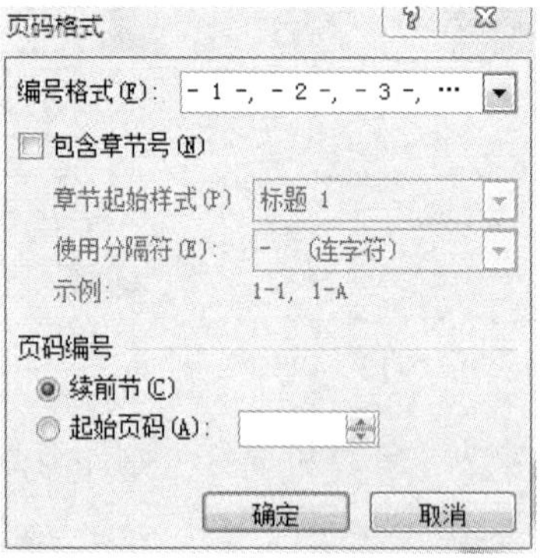

图 7-14 页码格式设置

（3）再次选择“页码”→“页面底部”→“普通数字 2”命令，即可插入页码。

13．设置页面。设置纸张大小为 16 开，页边距上、下各为 2.5 厘米、1.8 厘米，左右各为 2.5 厘米、2.0 厘米。

操作步骤：选择“页面布局”→“页面设置”命令，设置纸张大小为 A4，然后选择“页边距”，设置好页边距参数，最后单击“确定”按钮。（注：应用于“整篇文档”）。

14．保存文档。快捷键为 Ctrl+S。

四、强化训练

（一）文本编辑

打开 XM07 文件夹中的 wjke.docx，将文件另存为 EEJK.docx，保存在 XM07 文件夹中，并按要求完成下列操作。

1．输入如下文字作为正文第四段落。

嫁接繁殖：多以芍药根作砧木。

2．将正文中所有“粉珠”替换为“分株”，将标题段文字设置为小三号、楷体、红色、加粗、居中，并给标题段文字添加黄色阴影边框，段后间距为 0.5 厘米。

3．在正文中第一段末尾插入填充色为黄色的三角图形，并设置为紧密环绕，水平对齐方式为居中。

4．将正文各段的中文文字设置为小四号宋体，各段落首行缩进 0.8 厘米，行距为 19 磅。

5．将正文第二段和第三段合并为一段，分为等宽的两栏，栏宽设置为 14 字符，添加分隔线；并设置首字下沉 2 行，首字字体设置为隶书。

6．在文本末尾另起一页，插入 XM07 文件夹中的 be.docx 文件，然后按要求完成以下操作。

（1）将插入的文本文字转换为一个 5 行 4 列的表格。

（2）将表格的第一列的单元格设置成绿色底纹，表格内文本水平居中。

（3）设置表格的外部框线为 1.5 磅红色粗实线，内部框线为 0.5 磅紫色单实线。

7．设置页眉页脚。页眉居中输入文本“牡丹”，页脚中间插入页码。

8．设置页面。纸张大小为 A4，页边距上、下各为 2.5cm，左、右各为 2.2cm。

（二）利用邮件合并制作邀请函

如果公司要召开一个业务年会，要向一些相关的人士和公司发出邀请函，这时，你将面临着大量的工作，需要向数十个或上百个地址发出内容相同的一封信。在这种情况下，如果使用手工填写邮件地址，工作繁杂且容易出错，我们可以使用 Word 中的“邮件合并”功能，快速完美地完成这个任务。打开“邀请函源文档.docx”文档，完成邮件合并操作。

操作步骤：

（1）选择“邮件”→“开始邮件合并”命令，在下拉选项中选择邮件合并的文档类型，有信函、信封、标签、目录等。

（2）选择收件人。选择“使用现有列表”→“浏览”，在此利用 data.xlsx。

（3）接下来确定信函正文的内容。将光标定位在需要插入数据域的地方，然后单击“编写和插入域”组中的“插入合并域”下拉菜单，选择要插入的域名，即可将域名插入到光标所在的位置。

（4）完成合并。单击“预览结果”组中的“预览结果”按钮，可预览合并的结果。确认无误后，单击“完成”组中的“完成并合并”，在下拉菜单中选择“编辑单个文档”命令，设置合并记录的范围，单击“确定”按钮，在生成的新的文档中可以看到合并的结果。在信函中以书名号显示的合并域将以数据来源表中的字段值替代。将合并后的文档保存为“邀请函结果文档.docx”。

（5）上交答题盘，包含三个文件：源文件、Excel 文件、结果文件。

思考：针对一些更复杂的情况，如在前例生成的信函中，由于按“受邀嘉宾《姓名》”的格式来生成称呼，因此会出现直接呼喊受邀嘉宾姓名的情况。因此我们将称呼统一为：如果性别是男，则称为“×××先生”，如果性别是女，则称为“×××女士”。可以使用“邮件合并”

中的“规则”功能自动批量处理。

将信函中光标定位在《姓名》合并域后，单击“编写和插入域”中的“规则”，从列表中选择“if…then…else”。在弹出的对话框中设置根据性别去判断一个人的称呼，如果性别为男，则称呼为先生，否则称呼为女士。设置好之后，可以看到信函中原来的《姓名》合并域的位置执行了我们设置的条件。

五、实训小结

1．如何为文档设置图片背景？
2．在分栏设置中，如果未指定栏宽，仅指定栏间距的字符个数，如何进行设置？
3．文字添加底纹和边框与段落添加底纹和边框的效果是否相同？
4．添加水印后，如何删除第二页中的水印文字？
5．如何插入脚注、尾注和题注？
6．如何利用 Word 中的邮件合并功能批量制作文档？

实训项目八　电子表格软件 Excel 的基本操作

一、实训目的

1．掌握 Excel 工作表的基本操作方法。

2．掌握 Excel 各种类型数据的输入和单元格格式设置的方法。

3．掌握 Excel 工作表行、列的插入与删除操作。

4．掌握 Excel 运用公式和函数求值的基本方法。

5．掌握页面设置的操作方法。

二、实训要求

1．硬件资源：PC 一台/人。

2．软件资源：Windows 7 操作系统、Office 2010、XM08 文件夹及资源。

三、实训内容及步骤

（一）实训内容

使用 Excel 2010，完成校园歌手大赛成绩表数据的录入，掌握工作表的基本操作、不同类型数据的录入方法、单元格格式设置和美化的方法，以及常用函数的使用方法。实验最终效果如图 8-1 所示。

校园歌手大赛成绩表

选手序号	姓名	性别	评委1	评委2	评委3	评委4	评委5	最高分	最低分	总分	平均分	最后得分	排名	是否进入总决赛
001	李娜	男	8.10	9.10	8.20	8.90	8.90	9.10	8.10	43.20	8.64	8.67	6	否
002	刘康	女	8.20	9.20	8.50	8.80	8.80	9.20	8.20	43.50	8.70	8.70	3	是
003	刘鹏森	男	8.50	9.00	7.90	8.60	8.70	9.00	7.90	42.70	8.54	8.60	7	否
004	倪冬声	男	8.60	8.90	7.80	9.20	8.80	9.20	7.80	43.30	8.66	8.77	2	是
005	齐飞	女	9.20	8.00	8.00	9.10	8.90	9.20	8.00	43.20	8.64	8.67	5	否
006	苏放	男	8.80	8.90	7.80	9.00	8.70	9.00	7.80	43.20	8.64	8.80	1	是
007	孙玉	男	8.70	9.50	7.60	8.50	8.90	9.50	7.60	43.20	8.64	8.70	4	是

图 8-1　校园歌手大赛成绩表完成效果图

（二）实训步骤

1．启动 Excel 2010，打开 XM08 文件夹中的“选手成绩表.xlsx”工作簿。

2．工作表改名。将 Sheet1 工作表改名为“选手成绩表”。

操作步骤：

选择 Sheet1 工作表，并在工作表标签上右击，在弹出的快捷菜单中选择“重命名”命令，如图 8-2 所示，将工作表标签内容改为“选手成绩表”。

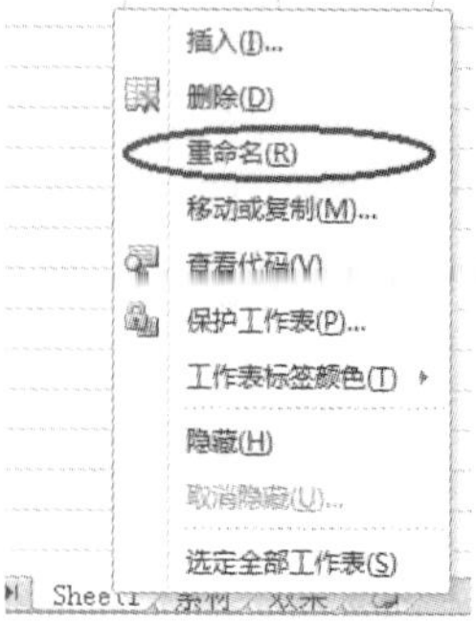

图 8-2 工作表重命名

3．数据录入。参照图 8-3，在 Sheet1 工作表中完成选手成绩表的数据输入。

	A	B	C	D	E	F	G	H	I	J	K	L	M
1	校园歌手大赛成绩表												
2	选手序号	姓名	性别	评委1	评委2	评委3	评委4	评委5	最高分	最低分	总分	平均分	排名
3	001	李娜	男	8.1	9.1	8.2	8.9	8.9					
4	002	刘康	女	8.2	9.2	8.5	8.8	8.8					
5	003	刘鹏举	男	8.5	9	7.9	8.6	8.7					
6	004	倪冬声	男	8.6	8.9	7.8	9.2	8.8					

图 8-3 录入校园歌手大赛选手成绩表数据

操作步骤：

（1）在 A1 单元格中录入表标题“校园歌手大赛成绩表”。

（2）在 A2～M2 单元格中录入表头文字，可通过 Tab 键将光标移动到右边单元格中完成数据的录入，可利用“自动填充功能”完成“评委 1”～“评委 5”数据的录入。

（3）在 A3～H6 单元格中录入相应数据，操作步骤：

1）文本型数据的输入：先输入英文的单引号“'”，再输入选手序号。

2）利用“自动填充功能”对选手序号进行数据的填充。

4．数据的复制和粘贴。将当前工作簿“素材”工作表中选手序号 005～007 的记录，复制到 Sheet1 工作表数据的尾部。

操作步骤：

单击选择“素材”工作表，选中员工号 005～007 的 3 条记录，单击“文件”选项卡中的“复制”或使用快捷键 Ctrl+C 进行复制，然后单击选择 Sheet1 工作表，将复制的数据从 A7 单元格开始进行粘贴。

5．在“排名”数据列前插入新列，表头名称为“最后得分”，在“排名”数据列后面插入新列，表头名称为“是否进入总决赛”，如图 8-4 所示。

	A	B	C	D	E	F	G	H	I	J	K	L	M	N	O
1	校园歌手大赛成绩表														
2	选手序号	姓名	性别	评委1	评委2	评委3	评委4	评委5	最高分	最低分	总分	平均分	最后得分	排名	是否进入总决赛
3	001	李娜	男	8.1	9.1	8.2	8.9	8.9							
4	002	刘康	女	8.2	9.2	8.5	8.8	8.8							
5	003	刘鹏举	男	8.5	9	7.9	8.6	8.7							
6	004	倪冬声	男	8.6	8.9	7.8	9.2	8.8							
7	005	齐飞	女	9.2	8	8	9.1	8.9							
8	006	苏放	男	8.8	8.9	7.8	9	8.7							
9	007	孙玉	男	8.7	9.5	7.6	8.5	8.9							

图 8-4 选手成绩表完成数据录入后的效果

6．设置单元格格式。将 D3:M9 数据区域的数据类型设置为数值型且保留 2 位小数。

操作步骤：

选中 D3:M9 单元格区域，单击“开始”选项卡中“数字”组右下角的对话框启动器按钮，或者右击，在快捷菜单中选择“设置单元格格式”命令，在弹出的“设置单元格格式”对话框中进行设置，如图 8-5 所示。

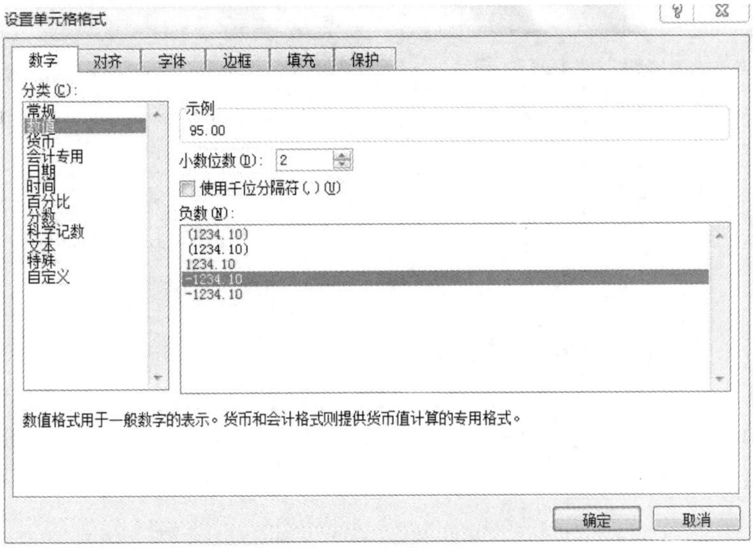

图 8-5　使用“设置单元格格式”对话框设置数据类型

7．设置表标题单元格格式。将 A1:O1 单元格合并且居中，设置字体为黑体，大小为 22，行高为 40。其他行字体为华文楷体，大小为 12，文字居中，行高为 18，表头区域 A2:O2 加粗。自动调整所有列宽。

操作步骤：

（1）选择 A1:O1 单元格区域，单击“开始”选项卡“对齐方式”组中的“合并后居中”按钮 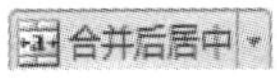

，完成表标题单元格的合并居中。

（2）选择合并后的 A1 单元格，在“开始”选项卡“字体”组中，设置字体为黑体，大小为 22。在“单元格”组中，单击“格式”下拉按钮，在弹出的下拉菜单中，选择“行高”，在弹出的对话框中输入 40，单击“确定”按钮即可。

（3）选择 A2:O9 单元格区域，在“开始”选项卡“字体”和“对齐方式”组中对字体进行设置，如图 8-6 所示。接着单击“格式”下拉按钮，选择“行高”，在弹出的对话框中输入 18，单击“确定”按钮。

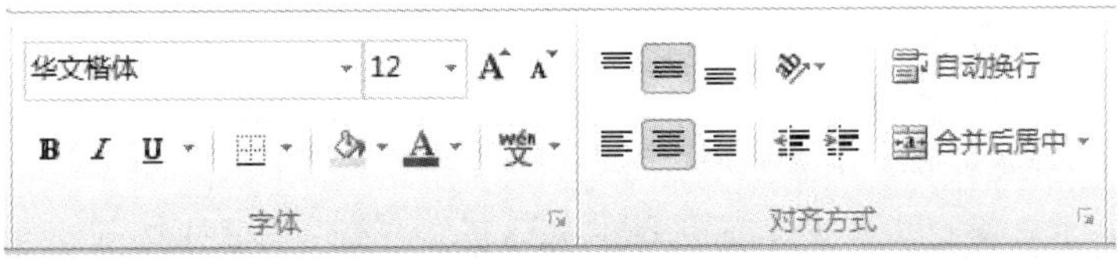

图 8-6　设置单元格字体格式

（4）选择 A2:O2 表头单元格区域，单击“开始”选项卡“字体”组中的“加粗”按钮。

（5）选择 A2:O9 单元格区域，单击“开始”选项卡“单元格”组中的“格式”下拉按钮，在弹出的下拉菜单中，选择“自动调整列宽”命令。

8 常用函数的应用。完成后效果图如 8-7 所示。

	A	B	C	D	E	F	G	H	I	J	K	L	M	N	O
1	校园歌手大赛成绩表														
2	**选手序号**	**姓名**	**性别**	**评委1**	**评委2**	**评委3**	**评委4**	**评委5**	**最高分**	**最低分**	**总分**	**平均分**	**最后得分**	**排名**	**是否进入总决赛**
3	001	李娜	男	8.10	9.10	8.20	8.90	8.90	9.10	8.10	43.20	8.64	8.67	6	否
4	002	刘康	女	8.20	9.20	8.50	8.80	8.80	9.20	8.20	43.50	8.70	8.70	3	是
5	003	刘鹏举	男	8.50	9.00	7.90	8.60	8.70	9.00	7.90	42.70	8.54	8.60	7	否
6	004	倪冬声	男	8.60	8.90	7.80	9.20	8.80	9.20	7.80	43.30	8.66	8.77	2	是
7	005	齐飞	女	9.20	8.00	8.00	9.10	8.90	9.20	8.00	43.20	8.64	8.67	5	否
8	006	苏放	男	8.80	8.90	7.80	9.00	8.70	9.00	7.80	43.20	8.64	8.80	1	是
9	007	孙玉	男	8.70	9.50	7.60	8.50	8.90	9.50	7.60	43.20	8.64	8.70	4	是

图 8-7 选手成绩表完成函数计算后的结果

（1）利用求最大值函数 MAX 求出每个参赛选手的最高分并填入 I3:I9 单元格。

操作步骤：

单击选择 I3:I9 单元格，单击“开始”选项卡中的“自动求和”下拉箭头，选择其中的“最大值”选项，如图 8-8 所示，即可在 I3:I9 单元格中得到计算结果。

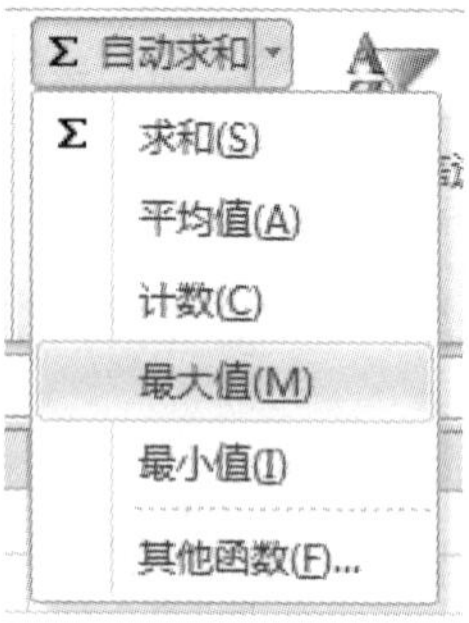

图 8-8 利用求最大值函数 MAX 求出最高分数据

（2）利用求最小值函数 MIN 求出每个参赛选手的最低分并填入 J3:J9 单元格。

操作步骤：

1）单击选择 J3 单元格，单击“开始”选项卡中的“自动求和”下拉箭头，选择其中的“最小值”选项，然后选择 D3:H3 单元格作为函数的计算参数，按 Enter 键即可在单元格中得到计算结果。

2）利用“自动填充功能”在 J4:J9 快速填充以得到其他选手的最低分数据。

（3）利用求和函数 SUM 求出每个参赛选手的总分并填入 K3:K9 单元格。利用求平均值函数 AVERAGE 求出每个参赛选手的平均分并填入 L3:L9 单元格。

操作步骤：

1）单击选择 K3 单元格，单击编辑栏上的“插入函数”图标按钮 f_x，打开“插入函数”对话框，在“常用函数”类别中选择 SUM 函数并单击“确定”按钮，如图 8-9 所示。在弹出的“函数参数”对话框中选择 D3:H3 单元格作为函数的计算参数，按 Enter 键即可在单元格中得到计算结果。

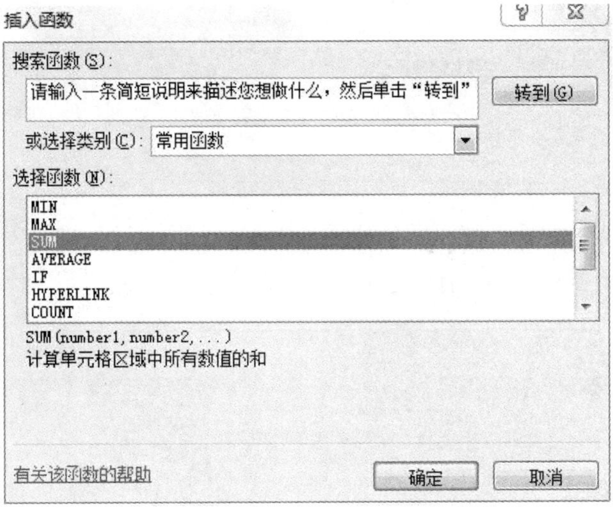

图 8-9　利用求和函数 SUM 求出最高分数据

2）利用“自动填充功能”在 K4:K9 快速填充以得到其他选手的总分数据。

3）单击选择 L3 单元格，利用求平均值函数 AVERAGE，参照步骤 1)、2）计算得到每个选手的平均分并填入 L3:L9 单元格。

（4）利用公式求出每个参赛选手的最后得分并填入 M3:M9 单元格。选手的最后得分=(总分–最高分–最低分)/3。

操作步骤：

单击选择 M3 单元格，将光标定位于编辑栏中，输入公式“=(K3–I3–J3)/3”，按 Enter 键确认，即可在 M3 单元格中得到计算结果。利用“自动填充功能”在 M4:M9 快速填充以得到其他选手的最后得分。

（5）利用排位函数 RANK，按“最后得分”高低，求出每个选手的排名。

注：RANK()函数中数据范围的引用使用“绝对引用”。

操作步骤：

1）单击选择 N3 单元格，单击编辑栏上的“插入函数”图标按钮，在弹出的“插入函数”对话框的“全部”类别中选择 RANK 函数，在弹出的对话框输入相应的参数，如图 8-10 所示，单击“确定”按钮后得到计算结果。

2）利用“自动填充功能”在 K4:K9 快速填充以得到其他选手的总分数据。

（6）利用条件函数 IF，将排名为前四名的选手标识为“是”。

操作步骤：

单击选择 O3 单元格，单击编辑栏上的“插入函数”图标按钮，在弹出的“插入函数”对话框的“全部”类别中选择 IF 函数，在弹出的对话框输入相应的参数，如图 8-11 所示，单击“确定”按钮后得到计算结果。

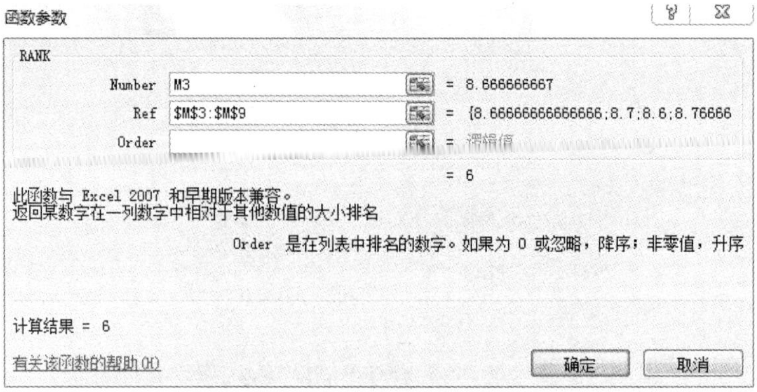

图 8-10　利用排位函数 RANK 求出选手最后得分的排名

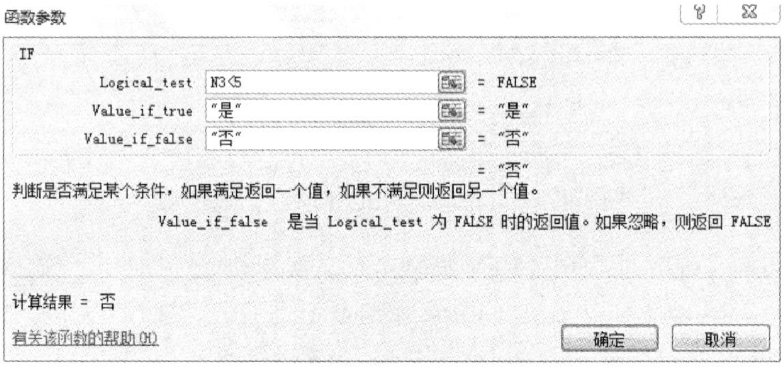

图 8-11　利用条件函数 IF 求出进入总决赛的选手

9．套用格式。给表格区域套用表格格式“表样式中等深浅 2”。

操作步骤：选择 A2:O9 单元格区域，选择“开始”选项卡“样式”组中的“套用表格格式”命令，选择其中的“表样式中等深浅 2”，如图 8-12 所示。在弹出的“套用表格式”对话框中选择“表包含标题”，单击“确定”按钮后，取消数据筛选即可。

图 8-12　套用表格格式设置

10．设置边框。给表格 A2:O9 单元格区域添加蓝色边框线。

操作步骤：

选择 A2:O9 单元格区域，单击“开始”选项卡“字体”组中的“边框”下拉菜单，选择其中的“其他边框”命令，打开“设置单元格格式”对话框，如图 8-13 所示。在其中的“边框”选项卡中设置边框的颜色和预置位置，单击“确定”按钮即可。

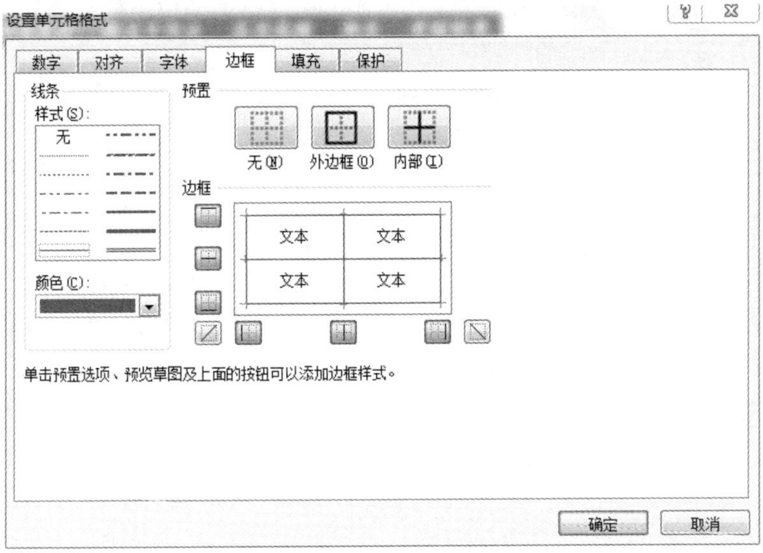

图 8-13　单元格边框格式设置

四、强化训练

（一）制作考生成绩表

考生成绩表完成效果如图 8-14 所示。

	A	B	C	D	E	F	G	H	I	J	K	L	M
1	考生成绩表												
2	序号	身份证号	姓名	性别	数学	语文	英语	计算机	总分	平均分	总评	成绩等级	排名
3	1	411302198011119000	吴加轮	女	78	85	65	80	308	77.00	76.10	合格	4
4	2	350783197802152258	刘新兵	男	82	95	88	96	361	90.25	90.60	合格	1
5	3	500102196007229986	巴坳林	男	56	59	82	95	292	73.00	76.10	合格	7
6	4	130722198104245560	郑新平	男	76	46	35	90	247	61.75	61.90	合格	9
7	5	520425197804208628	王永平	女	90	94	60	83	327	81.75	79.70	合格	2
8	6	530325197604089290	张朋飞	男	45	88	58	86	277	69.25	69.80	合格	8
9	7	230400197503147443	吴子牛	男	68	86	88	75	317	79.25	79.70	合格	3
10	8	454001975031474443	马富春	女	79	80	55	90	304	76.00	75.30	合格	5
11	9	450283197802152258	棹大地	男	95	57	32	20	204	51.00	46.00	不合格	10
12	10	510125197804208541	于文船	男	62	80	69	93	304	76.00	77.00	合格	5
13			最大值		95	95	88	96	361	90.25	90.60		
14			最小值		45	46	32	20	204	51.00	46.00		

图 8-14　考生成绩表完成效果

1．启动 Excel 2010，新建 Excel 工作簿并以“考生成绩.xlsx”命名后保存。参照图 8-14

在 Sheet1 工作表中录入考生成绩的相关数据。

2．参照图 8-14，将表标题“考生成绩表”单元格合并居中，并设置字体为楷体加粗，字号为 20。

3．分别利用公式或函数求各个考生的总分、平均分、总评。

（1）利用公式或求和函数求各考生的总分。

（2）利用公式或求平均值函数求各考生的平均分（保留两位小数）。

（3）利用公式求各个同学的总评（保留两位小数）。

总评=数学×20%+语文×20%+英语×30%+计算机×30%

4．利用 MAX 函数求各科成绩的最大值。

5．利用 MIN 函数求各科成绩的最小值。

6．在“总评”的右边添加两列，分别为成绩等级和排名。

7．利用 IF 函数分别求出各考生的“成绩等级”。

注：平均分大于等于 60 分的等级为“合格”，平均分小于 60 分的等级为“不合格”。

操作步骤：

单击选择单元格 L3，单击编辑栏的“插入函数”按钮 fx ，在弹出的“插入函数”对话框中选择 IF 函数，在弹出的“函数参数”对话框中输入相应的参数，如图 8-15 所示，单击“确定”按钮即可。

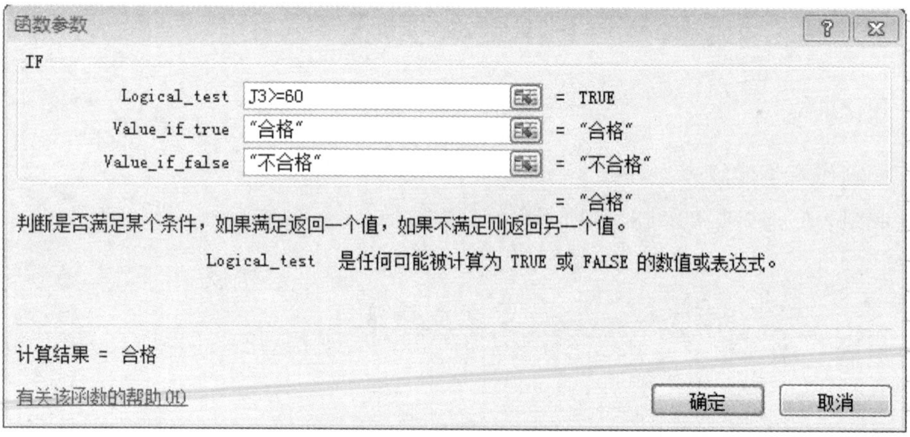

图 8-15 IF 函数参数设置

8．利用排位函数 RANK 按“总分”高低，分别求出各考生的排名。

9．利用条件格式将各科成绩小于 60 分的数据设置为“浅红填充色深红色文本”。

操作步骤：

（1）选定 E3:H12 单元格区域。

（2）在“开始”选项卡中单击“样式”组中的“条件格式”按钮，选择“突出显示单元格规则”中的“小于”项，在弹出的对话框输入 60，设置“浅红填充色深红色文本”，如图 8-16 所示。

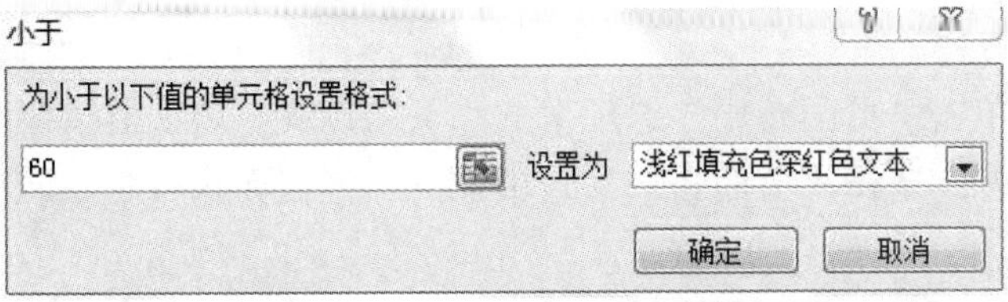

图 8-16　条件格式的参数设置

10．参照图 8-14 给单元格添加边框，自动调整单元格列宽，也可进一步美化单元格。

（二）制作材料入库日报表

1．启动 Excel 2010，新建一个工作簿，命名为“材料入库日报表.xlsx”，保存在 XM08 文件夹中。

2．在 Sheet1 工作表输入如图 8-17 所示的数据。

	A	B	C	D	E	F	G	H	I
1	材料入库日报表								
2	日期	2009/2/5							
3	收货部门	材料编号	材料名称	规格	等级	单位	领用数量	材料单价	金额
4	001	B-02035	钢筋	2#	☆	吨	1.0	¥4,700.00	
5	001	B-02036	钢筋	3#	☆☆	吨	1.5	¥4,900.00	
6	001	B-02037	钢筋	2#	☆	吨	2.0	¥4,700.00	
7	002	B-02038	钢筋	5#	☆☆☆	吨	1.4	¥5,040.00	
8	002	B-02039	钢筋	4#	☆☆☆	吨	3.0	¥5,040.00	
9	002	B-02040	钢筋	3#	☆☆	吨	1.2	¥4,900.00	
10	002	B-02041	钢筋	2#	☆	吨	1.8	¥4,700.00	
11	003	B-02042	钢筋	3#	☆☆	吨	1.6	¥4,900.00	
12	003	B-02043	钢筋	5#	☆☆☆	吨	2.0	¥5,040.00	
13	003	B-02044	钢筋	1#	☆	吨	1.0	¥4,700.00	
14	004	B-02045	钢筋	3#	☆☆	吨	1.3	¥4,900.00	
15	004	B-02046	钢筋	4#	☆☆☆	吨	1.5	¥5,040.00	
16									

图 8-17　材料入库日报表

3．利用公式计算每一种材料的金额，金额＝领用数量×材料单价。

4．格式化工作表。

（1）把表标题（A1:I1）合并及居中，字体为华文新魏，字号为 26，A2、B2 单元格字体为隶书，字号为 14。

（2）表头（A3:I3）字体为黑体，字号为 16，数据单元格（A4:I15）字体为宋体，字号为 12。

（3）除表标题以外（即 A2:I15）的所有单元格设为水平居中、垂直居中。

（4）把表格的行高设为 30，列宽为自动调整列宽，并给表格添加框线：外边框为粗匣框线，内部为细实线。

5．页面设置。

（1）在第 10 行的下方插入分页符。

操作步骤：选定第 11 行，选择“页面布局”选项卡→“分隔符”→“插入分页符”命令。

（2）设置纸张大小为 A4，横向打印；页边距上为 2.5，下为 2.2，左为 3.0，右为 2.5，居中方式为水平居中，设置打印标题行，查看打印预览。

操作步骤：

1）页面设置：单击“页面布局”选项卡→“页面设置”启动器按钮。

2）设置打印标题：选择“页面布局”选项卡→“打印标题”命令，在“顶端标题行”选定第3行。

五、实训小结

1．如何为工作表设置背景？

2．如何把单元格设置为自动换行？

3．如何在单元格内强制换行？

实训项目九　电子表格软件 Excel 的综合应用

一、实训目的

1. 掌握工作表的编辑和格式化的操作方法。
2. 掌握工作表中数据的排序、筛选、分类汇总的方法。
3. 掌握 Excel 2010 创建图表和数据透视表的方法。

二、实训要求

1. 硬件资源：PC 一台/人。
2. 软件资源：Windows 7 操作系统、Office 2010、XM09 文件夹及资源。

三、实训内容及步骤

（一）实训内容

使用 Excel 2010 对考试统计表进行排序、筛选、分类汇总等数据分析和管理，实现“考试统计表”的数据管理，完成效果如图 9-1 所示。

	A	B	C	D	E	F	G	H	I	J	K
1	2007届计算机专业期中考试成绩统计表										
2	学号	姓名	性别	高等数学	数据结构	科技英语	计算机	Pascal语言	数据库	总分	平均分
3	07003	乙	男	88	92	82	91	85	89	527	87.83
4	07002	丙	女	97	78	89	68	80	90	502	83.67
5	07001	甲	男	34	56	80	76	76	54	376	62.67
6	07004	丁	女	43	67	54	90	70	43	367	61.17

图 9-1　考试统计表完成效果

（二）实训步骤

1．工作表的复制和重命名。启动 Excel 2010，打开 XM09 文件夹中的 Excel 文档“考试统计表.xlsx”，复制 Sheet1 工作表，并将复制生成的工作表重命名为“备份”。

操作步骤：

在 Sheet1 工作表标签上右击，在弹出的快捷菜单中选择“移动或复制”命令，然后勾选“建立副本”复选框，单击“确定”按钮后复制产生新的工作表“Sheet1（2）”，将该工作表重命名为“备份”。

2．数据插入和单元格格式设置。打开 Sheet1 工作表，在表中“科技英语”右边插入一列“计算机”成绩：76，68，91，90；将 Sheet1 工作表中的 A1:K1 单元格合并居中。

3．公式的应用。利用公式或函数计算每个人的总分和平均分（保留 2 位小数）。

4．按关键字排序。以总分为主关键字，按递减方式排序；表格外边框设置为红色粗实线，内部用蓝色粗实线。

操作步骤：

（1）将光标定位在 J2 单元格，单击“开始”选项卡“排序和筛选”组下的“降序”按钮，即可完成按“总分”降序排序。

（2）选择 A2:K6 单元格区域，选择“开始”选项卡“单元格”组“格式”中的“设置单元格格式”选项，在弹出的“单元格格式”对话框中选择“边框”选项，在左边“线条”项目中选择粗实线和红色，然后单击右边的“外边框”按钮。

（3）接着在“线条”项目中选择粗实线和蓝色，然后单击右边的“内部”按钮。

5．分类汇总的应用。对“备份”工作表中的数据进行分类汇总：按“性别”分别求出男、女同学“数据结构”课程的平均分。

操作步骤：

（1）打开“备份”工作表，对“性别”字段进行升序或降序排序。

（2）单击“数据”选项卡“分级显示”组中的“分类汇总”按钮，在弹出的“分类汇总”对话框中进行如图 9-2 所示的设置，单击“确定”按钮后得到的结果如图 9-3 所示。

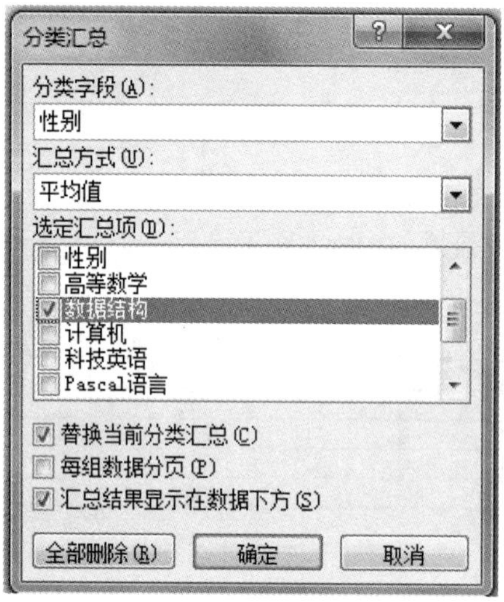

图 9-2 “分类汇总”对话框

2007届计算机专业期中考试成绩统计表									
学号	姓名	性别	高等数学	数据结构	科技英语	Pascal语言	数据库	总分	平均分
07001	甲	男	34	56	80	76	54		
07003	乙	男	88	92	82	85	89		
		男 平均值		74					
07002	丙	女	97	78	89	80	90		
07004	丁	女	43	67	54	70	43		
		女 平均值		72.5					
		总计平均值		73.25					

图 9-3 按“性别”对“数据结构”课程进行平均分分类汇总的结果

6．图表的创建。在 Sheet1 工作表中建立簇状柱形图，如图 9-4 所示，并嵌入当前工作表中。

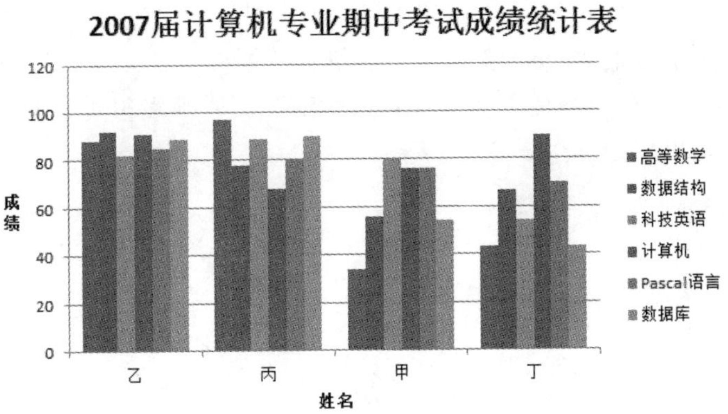

图 9-4 各考生期中考试统计图表

操作步骤：

（1）打开 Sheet1 工作表，选择 B2:B6，D2:I6 单元格区域，选择“插入”选项卡“图表”组中“柱形图”中的“簇状柱形图”选项，选中图表，在“设计”选项卡中单击“切换行/列”按钮以实现坐标轴数据的行列切换。

（2）选中图表，在“布局”选项卡中单击“图表标题”，选择其中的“图表上方”命令，为图表添加标题“2007 届计算机专业期中考试成绩统计表”。

（3）在“布局”选项卡中单击“坐标轴标题”，参照图 9-4 分别设置“主要横坐标标题”和“主要纵坐标标题”的样式和内容。

7. 自动数据筛选的应用。利用自动筛选和高级筛选对 Sheet2 工作表中考试成绩统计表的数据进行筛选分析。

（1）简单条件筛选：在 Sheet2 中筛选出性别为“男”的学生成绩数据。

操作步骤：

将光标定位在 A1:K6 区域内任一单元格，选择“开始”选项卡“编辑”组“排序和筛选”中的“筛选”选项，单击表格表头“性别”字段右侧的按钮▼，选择“男”即可。

（2）自定义筛选：在 Sheet3 中筛选出“数据结构”成绩大于 60 小于 90 的学生成绩数据。

操作步骤：

将光标定位在 A1:K6 区域内任一单元格，选择“开始”选项卡“编辑”组“排序和筛选”中的“筛选”选项，单击表格表头“数据结构”字段右侧的按钮▼，选择“数字筛选”中的“介于”命令，在弹出的对话框中按如图 9-5 所示进行设置，单击“确定”按钮即可。

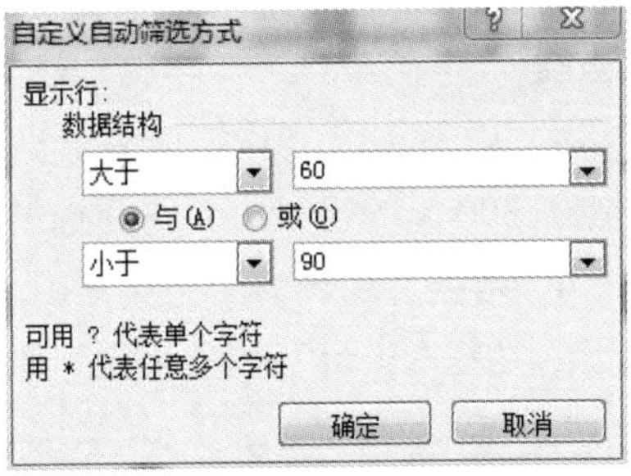

图 9-5 “自定义自动筛选方式”对话框

四、强化训练

（一）职工工资表的数据分析管理

1. 工作表的基本操作。启动 Excel 2010，打开 XM09 文件夹中的“职工工资表.xlsx”。将

Sheet1 工作表中的数据复制到 Sheet2 和 Sheet3 工作表中。

2．数据排序的应用。将 Sheet1 工作表中的所有数据按“部门编号”的递增顺序进行排序。将 Sheet2 工作表中的所有数据按主要关键字“性别”递增顺序和次要关键字“基本工资”递减顺序进行排序，结果如图 9-6 所示。

	A	B	C	D	E	F	G
1			南宁百货大楼员工工资表				
2							
3	序号	部门编号	姓名	性别	职称	基本工资	奖金
4	10	1001	王铁柱	男	高工	2000	400
5	5	2001	钱林	男	高工	2000	410
6	4	2001	杨海林	男	工程师	1650	370
7	6	1020	徐平	男	工程师	1600	350
8	1	1020	李伟明	男	助工	1100	200
9	9	2001	张立功	男	助工	1000	280
10	3	1001	黄东海	男	助工	900	200
11	2	1020	刘丽华	女	高工	2000	400
12	8	1020	方成英	女	工程师	1600	360
13	7	1001	王新玉	女	助工	1050	300

图 9-6　多关键字排序完成效果

3．数据筛选的应用。

（1）自动筛选。

1）简单条件筛选：在 Sheet1 工作表中筛选出部门编号为“1001”的人员。

2）自定义筛选：在 Sheet2 工作表中筛选出“基本工资”超过 1600 元（包括 1600 元）并且奖金大于 400 元（包括 400 元）的人员。

（2）高级筛选。

1）从 Sheet3 工作表数据中筛选出“基本工资”大于等于 1600 元的人员，并将筛选结果复制到从 A18 单元格开始的位置上。

操作步骤：

建立筛选条件区（输入筛选条件），单击“数据”选项卡“排序和筛选”组中的“高级”按钮。

2）从 Sheet3 工作表所有数据中筛选出“基本工资”在 1000～2000 元之间（包括 1000 元和 2000 元）的记录，并将筛选结果复制到从 A27 单元格开始的位置上。

3）从 Sheet3 工作表所有数据中筛选出“基本工资”大于等于 2000 元，或者“奖金”小于等于 300 元的记录，并将筛选结果复制到从 A39 单元格开始的位置上。

4．数据透视表的应用。利用 Sheet3 工作表中的源数据建立数据透视表，按“职称”统计职工的“基本工资”和“奖金”平均值，并可按性别进行筛选，完成效果如图 9-7 所示。

	A	B	C
1	性别	(全部)	
2			
3	**行标签**	**平均值项:基本工资**	**平均值项:奖金**
4	高工	2000	403.3333333
5	工程师	1616.666667	360
6	助工	1012.5	245
7	**总计**	**1490**	**327**

图 9-7　数据透视表完成效果

操作步骤：

选择数据源，选择“插入”选项卡“表格”组“数据透视表”中的“数据透视表”选项，在弹出的“创建数据透视表”对话框中设置数据源和透视表需放置的位置，单击“确定”按钮后，在右边的“数据透视表字段列表”中进行报表筛选、列标签、行标签、数值等字段的设置。

（二）在校生统计表数据分析管理

1．工作表基本操作。启动 Excel 2010，打开 XM09 文件夹中的 Excel 文档“在校生统计表.xlsx”，将 Sheetl 工作表重命名为“统计表”。

2．单元格格式设置。设置表标题跨列居中，并将标题行设置“红色，强调文字颜色 2，淡色 80%”的填充底纹，表格外边框为蓝色双实线，内部单元格为黑色细实线，设置完成后将工作表复制一份。

3．公式的应用。利用“统计表”中的数据，计算在校生“合计”人数和所占比例（显示为保留 2 位小数的百分比），完成效果如图 9-8 所示。

	A	B	C
1	某大学在校生人数情况表		
2	年级	人数	所占比例
3	大一	3500	37.23%
4	大二	3200	34.04%
5	大三	2700	28.72%
6	合计	9400	

图 9-8　在校生统计表完成效果

注：所占比例=年级人数/合计。

4．公式或函数的应用。利用公式或函数计算 Sheet2 工作表中在校生各科成绩的总分。

5．数据排序的应用。以 Sheet2 工作表中“总分”字段为主关键字，按递减方式排序。

6．分类汇总的应用。对 Sheet2 中的数据按“专业”分类，对“数学”“英语”“制图”课程进行平均分汇总，完成效果如图 9-9 所示。

	A	B	C	D	E	F	G	H
1	学号	专业	性别	姓　名	数学	英语	制图	总分
2	08	电气	女	伍春莲	73	79	77	229
3	04	电气	男	皇甫佐相	80	82	75	237
4		**电气 平均值**			76.5	81	76	
5	05	电子	男	何岑锋	72	68	75	215
6	10	电子	男	劳志勋	81	79	97	257
7		**电子 平均值**			76.5	74	86	
8	07	制冷	女	陆泓宇	71	78	75	224
9	06	制冷	男	陈相明	90	91	88	269
10		**制冷 平均值**			80.5	84.5	81.5	
11		**总计平均值**			77.833	79.5	81.167	

图 9-9　按专业分类汇总完成效果

7．图表的创建。在“统计表”中建立如图 9-10 所示的圆环图，并嵌入当前工作表中。将该工作簿存盘，退出 Excel 2010。

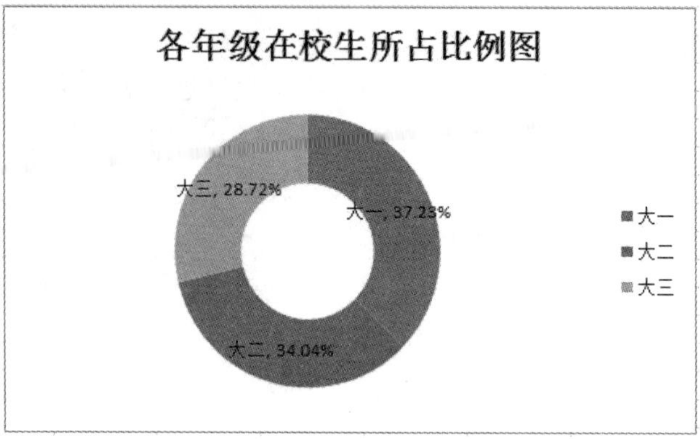

图 9-10　各年级在校生所占比例圆环图

五、实训小结

1．如何对姓名笔画顺序升序排列？

2．如何进行分类汇总的嵌套？

3．如何进行图表类型的更换和美化？

4．如何修改图表的绘图区背景和图表区背景？

实训项目十　演示文稿软件 PowerPoint 的基本操作

一、实训目的

1．掌握演示文稿建立及保存的基本方法。

2．掌握演示文稿中幻灯片的插入及编辑方法。

3．掌握演示文稿中插入图形、图像、文本框、声音、视频、表格和数据图表的方法。

4．掌握幻灯片中主题和背景的设置及应用方法。

5．初步掌握幻灯片的放映方法。

二、实训要求

1．硬件资源：PC 一台/人。

2．软件资源：Windows 7 操作系统、PowerPoint 2010 软件、XM10 文件夹及资源。

三、实训内容及步骤

（一）实训内容

本实训项目通过新建一个演示文稿，对该演示文稿进行插入及编辑幻灯片的操作，使学生能对演示文稿中的幻灯片插入图形、图像、文本框、声音、视频、表格和数据图表等各种对象并设置其格式，设置幻灯片主题和放映幻灯片，最终掌握在 PowerPoint 2010 中建立和编辑演示文稿等的基本知识。

（二）实训步骤

1．新建演示文稿，将 PowerPoint 内置主题“平衡”应用到所有幻灯片上。并将该演示文稿命名为“mydream.pptx”，保存到 XM10 文件夹。

操作步骤：

（1）新建演示文稿。

方法一：

1）单击“文件”→“新建”→“空白演示文稿”→“创建”按钮，默认情况下，PowerPoint 会将“Office 主题”应用于新建的空白演示文稿。

另外，按组合键 Ctrl+N 也可快速新建一个空白演示文稿。

2）通过选择“平衡”主题来轻松改变演示文稿的外观。

操作步骤：在“幻灯片”窗格中选择要设置主题的幻灯片，切换到“设计”选项卡，在“主题”组中单击快翻按钮，在主题库中单击“平衡”主题以将该主题应用到所选幻灯片上，如图 10-1 所示。

图 10-1　为幻灯片选择主题

方法二：选择“文件”→“新建”选项，在中间“可用的模板和主题”窗格中选择“主题”命令，单击“平衡”→“创建”按钮。即可利用“平衡”主题创建一个新的演示文稿，如图 10-2 所示。

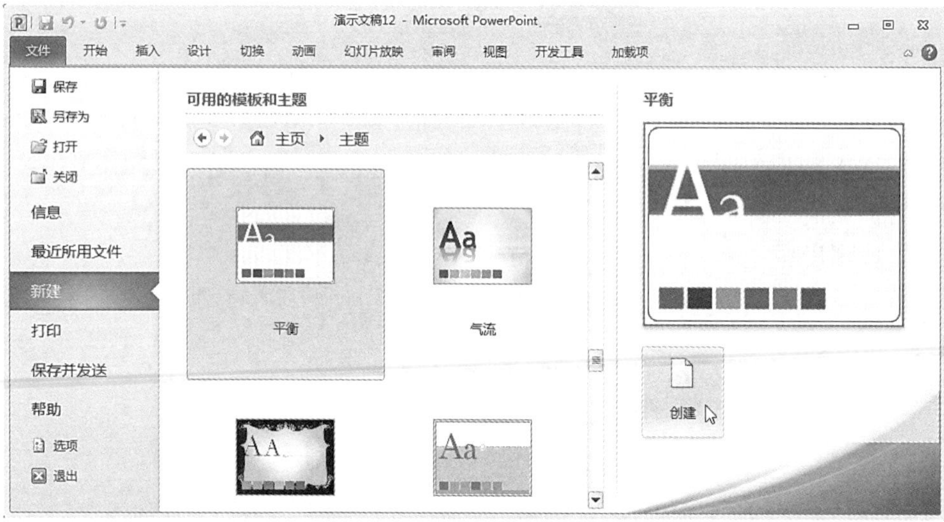

图 10-2　使用主题新建演示文稿

（2）保存演示文稿的方法。选择“文件”→“保存”或“另存为”命令。

2. 将第 1 张幻灯片应用“标题幻灯片”版式，在标题占位符中输入文本“中国梦，我的梦”，标题文本艺术字样式应用“填充-深红，强调文字颜色 2，粗糙棱台”；副标题栏中输入“——征集与展播活动”，字体设置为微软雅黑，32 磅，副标题文本右对齐。第 1 张幻灯片制作效果如图 10-3 所示。

图 10-3　第 1 张幻灯片

操作步骤：

设置标题文本艺术字样式：选择标题文本，单击“绘图工具”→“格式”选项卡→“艺术字样式”组→快翻按钮，选择“填充-深红，强调文字颜色 2，粗糙棱台”样式。

3．插入第 2 张幻灯片，应用版式“标题和内容”，在标题占位符中输入文本“目录”，内容占位符中输入如图 10-4 所示的文字，将文本占位符中段落的项目符号更改为“⌘”，大小为字高的 80%，颜色为标准色中的“橙色”。并插入 XM10 文件夹中的 music.mp3 作为背景音乐，设置跨幻灯片播放，放映时隐藏声音图标。第 2 张幻灯片制作效果如图 10-5 所示。

活动介绍
参与方式
追梦人
作品宣传
作品奖励

图 10-4　文字样式

图 10-5　第 2 张幻灯片

操作步骤：

（1）插入第 2 张新的幻灯片的方法如下：

方法一：在“幻灯片”窗格中单击选择第 1 张幻灯片，按 Enter 键。

方法二：在“幻灯片”窗格中右击第 1 张幻灯片，选择“新建幻灯片”命令。

以上两种方法插入新幻灯片后，如果幻灯片具有的版式跟要求的不一致，还要单击“开始”→“幻灯片”→“版式”下三角按钮，在出现的版式库中选择指定的版式。

方法三：在“幻灯片”窗格选择第 1 张幻灯片，单击“开始”选项卡→“幻灯片”组→“新建幻灯片”按钮下方的三角按钮，选择“标题和内容”版式。

（2）将文本占位符中段落的项目符号更改为“⌘”的方法。

单击“开始”→“段落”组→“项目符号”按钮旁边的下三角按钮，选择“项目符号和编号”命令，在“项目符号”选项卡中单击“自定义”按钮，在“符号”对话框中的“字体”下拉列表框中选择 Wingdings，再拖动垂直滚动条选择相应的项目符号，单击“确定”按钮，在“项目符号”选项卡中设置大小为 80%字高，颜色为橙色。

（3）插入声音。选择“插入”→“媒体”→“音频”命令或单击“音频”下三角按钮后再选择“文件中的音频”选项，设置音频选项。单击音频喇叭图标，选择“音频工具”→“播放”→“音频选项”组，在“开始”下拉列表中选择“跨幻灯片播放”选项，勾选“放映时隐藏”复选框。

4．在第 2 张幻灯片之后，将 XM10 文件夹中演示文稿“PPT 素材.pptx”的第 2 张和第 3 张幻灯片插入进来，作为 mydream.pptx 中的第 3 张和第 4 张幻灯片，并按图 10-6 所示提高第 3 张幻灯片中相应列表项的列表级别。

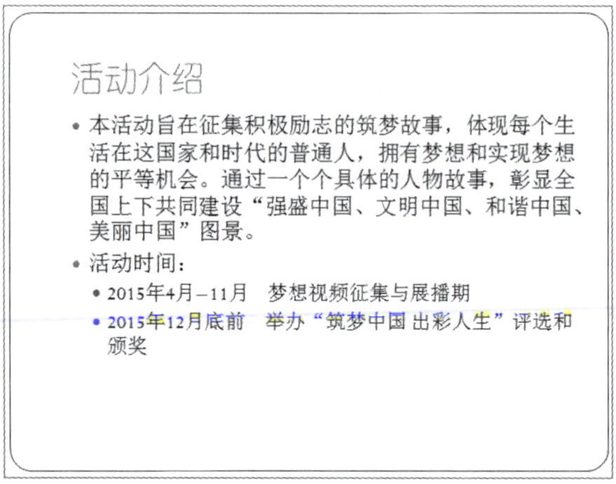

图 10-6 第 3 张幻灯片

操作步骤：

（1）在“幻灯片”窗格选中第 2 张幻灯片，单击“开始”选项卡，打开“新建幻灯片”下拉列表，选择“重用幻灯片”选项，在“从以下源插入幻灯片”中通过“浏览”按钮找到“PPT 素材.pptx”，然后在“重用幻灯片”窗格中将“PPT 素材.pptx”中的第 2 张和第 3 张幻灯片插入进来，作为 mydream.pptx 中的第 3 张和第 4 张幻灯片。

（2）先选择列表项文字，再选择“开始”→“段落”→“提高列表级别”选项。

5．将第 4 张幻灯片的版式修改为“两栏内容”，并在右侧内容占位符中插入 XM10 文件夹中的图片 dream1.jpg 和 dream2.jpg。设置这两张图片左右居中对齐，如图 10-7 所示。

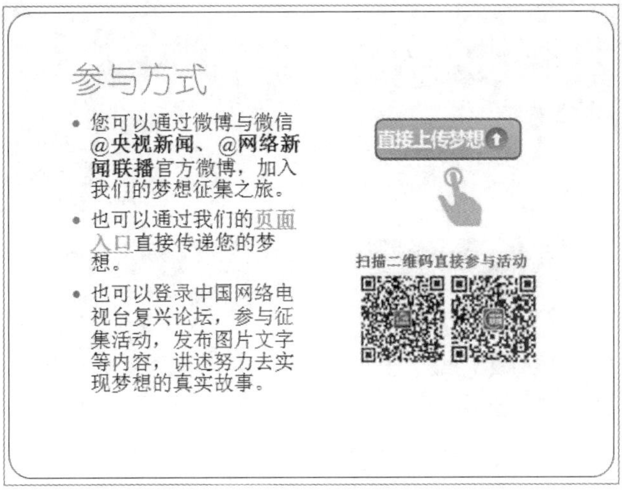

图 10-7　第 4 张幻灯片

操作步骤：

（1）幻灯片版式修改。在“幻灯片”窗格中单击选择第 4 张幻灯片，选择“开始”→“幻灯片”命令，在“版式”中单击下三角按钮，在出现的版式库中选择“两栏内容”版式。

（2）在右侧内容占位符中插入图片。

方法一：在右侧内容占位符中单击“插入来自文件的图片”按钮。

方法二：单击右侧内容占位符，选择“插入”→“图像”→“图片”命令，在“插入图片”对话框中找到图片存储位置，同时选中 dream1.jpg 和 dream2.jpg，单击“插入”按钮。

（3）插入的两张图片需要在幻灯片中排列位置，左右居中对齐，方法如下：

同时选择这两张图片，单击图片工具的“格式”→“排列”组→“对齐”→“左右居中”按钮。

6．插入第 5 张幻灯片，应用版式“标题和内容”，在标题占位符中输入文本“追梦人”，在内容占位符中分别插入 XM10 文件夹中的图片 p1.jpg～p4.jpg 和文本框，在文本框中输入文字并排版，如图 10-8 所示，其中图片应用“矩形投影”图片样式。

操作步骤：

图片样式的设置方法：选中图片，选择“图片工具”→“格式”→“图片样式”→“矩形投影”命令。

7．插入第 6 张幻灯片，应用版式“标题和内容”，在标题占位符中输入文本“活动宣传”，在内容占位符中插入 XM10 文件夹中的 movie.wmv 视频文件。并设置视频自动播放，播完返回开头，视频形状为“圆角矩形”，大小为原来的 120%，左右居中对齐，如图 10-9 所示。

操作步骤：

（1）选择“插入”→“媒体”→“视频”命令或单击“视频”下三角按钮，再选择“文件中的视频”命令；或在内容占位符中单击“插入媒体剪辑”按钮。

图 10-8　第 5 张幻灯片

图 10-9　第 6 张幻灯片

（2）在幻灯片中单击选择视频，在“视频工具”的“格式”选项卡中设置视频形状、大小、对齐方式，在“视频工具”的“播放”选项卡的“视频选项”组中设置播放选项。

注意：PPT 中的视频有多种载入方式，如果视频文件格式不是 PPT 直接支持的，要想直接插入幻灯片，需要先用格式工厂等软件进行视频格式转换，才能插入进来。

8．插入第 7 张幻灯片，应用版式“标题和内容”，在标题占位符中输入文本“作品奖励”，在内容占位符中插入如表 10-1 所示的表格。并设置单元格文本的对齐方式为垂直居中，表格左右居中、上下居中对齐。调整行高、列宽到合适的大小，如图 10-10 所示。

表 10-1　作品奖励表

奖项	名额	奖品	备注
一等奖	3	Iphone6	如获奖名额没有达到参赛人数的 3%，则以参赛人数的 3%发放奖品
二等奖	5	IPAD mini3	如获奖名额没有达到参赛人数的 5%，则以参赛人数的 5%发放奖品
三等奖	10	华为荣耀 6	如获奖名额没有达到参赛人数的 10%，则以参赛人数的 10%发放奖品

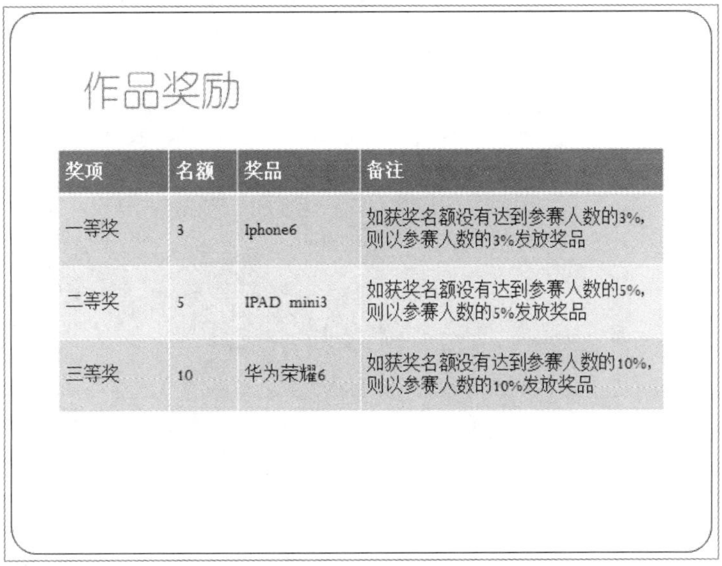

图 10-10　第 7 张幻灯片

操作步骤：

（1）插入表格的方法。

1）在内容占位符中单击“插入表格”按钮或者单击“插入”→“表格”→“表格”。

2）设置表格的列数为 4，行数为 4。

（2）设置表格的格式。在幻灯片中单击选择表格，在“表格工具”的“布局”选项卡的“排列”组中设置表格的对齐方式，在“对齐方式”组中设置单元格的文本对齐方式。

9．插入第 8 张幻灯片，应用版式“内容与标题”，在标题占位符中输入文本“作品奖励”，在左侧文本占位符中输入竖排文本“奖项分配图表”，在右侧内容占位符中插入图表，将第 7 张幻灯片表格中的相关数据作为数据源插入到图表中，并设置数据标签、图例放置在图表下方、不显示图表标题，最后效果如图 10-11 所示。

操作步骤：

（1）在右侧内容占位符中单击“插入图表”按钮，在“插入图表”对话框中单击“饼图”—“三维饼图”—“确定”，结果如图 10-12 所示。

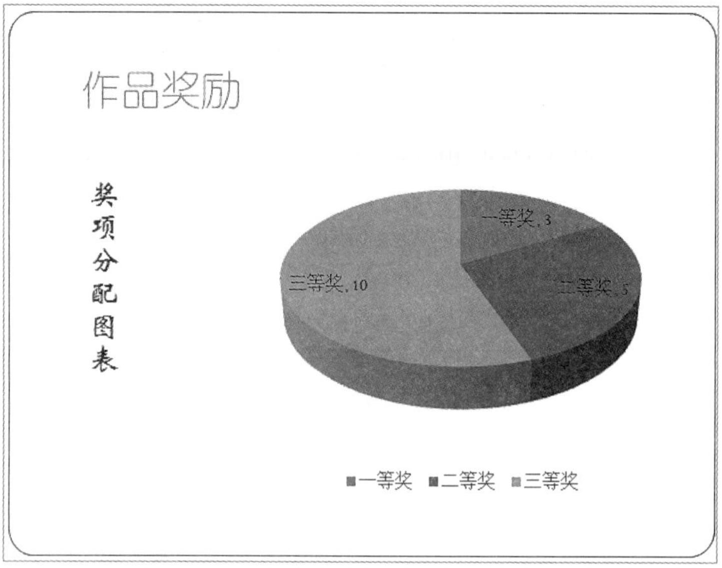

图 10-11 第 8 张幻灯片

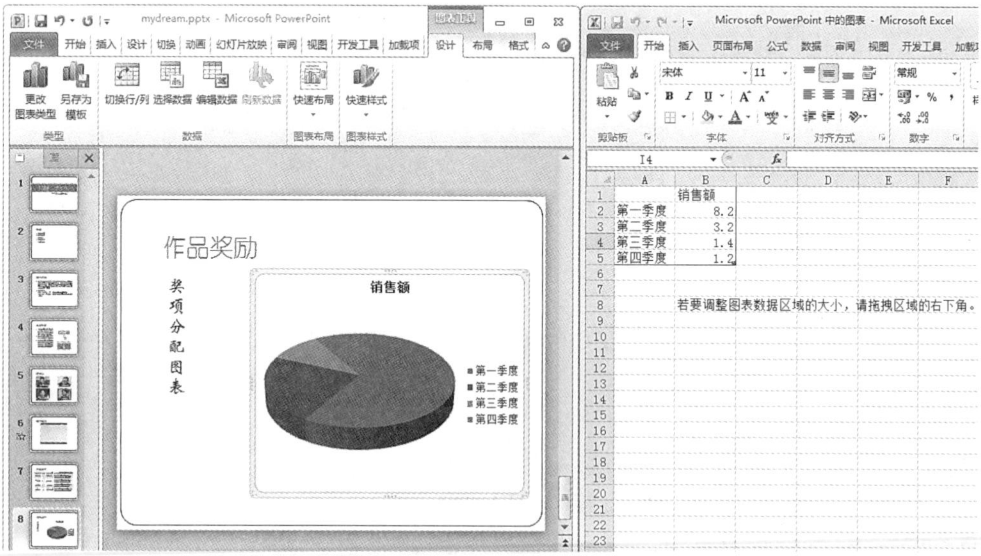

图 10-12 在幻灯片中插入图表

（2）在 Excel 窗口中，将工作表现有的数据删除，然后将光标定位在 A1 单元格，将第 7 张幻灯片中的相关数据复制到当前工作表中。

（3）此时需要重新调整图表数据区域：切换到 PowerPoint 窗口，单击选择幻灯片中的图表，单击“图表工具”→“设计”选项卡→“数据”组→“选择数据”，再切换到 Excel 窗口，拖动鼠标选中包含有图表数据的 A1:B4 单元格区域，如图 10-13 所示，单击“选择数据源”对话框的“确定”按钮。

（4）在 PowerPoint 窗口中选择图表，单击“图表工具”的“布局”选项卡，在“标签”组中设置“图表标题”“图例”“数据标签”等选项。

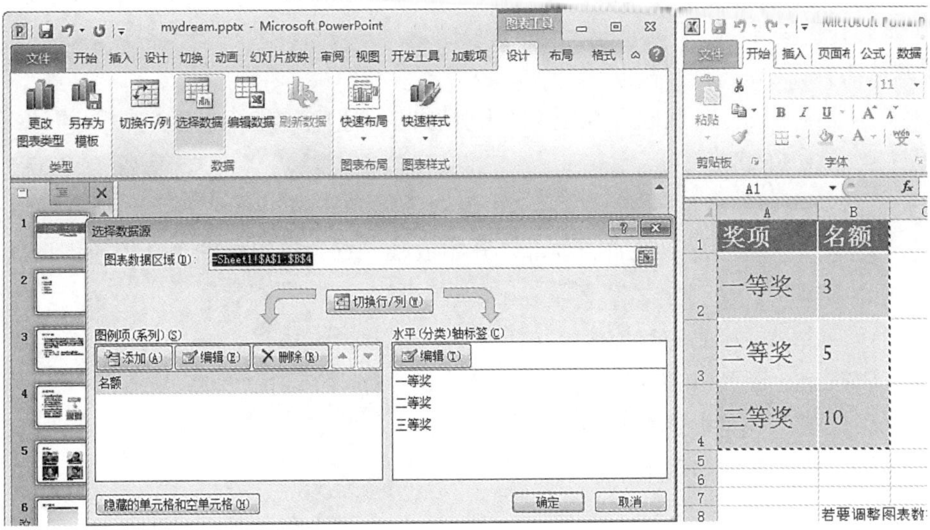

图 10-13　重新选择图表数据

10．插入第 9 张幻灯片，应用版式“空白”，更改本张幻灯片主题样式为“角度”，并插入艺术字“欢迎您的参与！”，艺术字样式为“渐变填充-灰色-50%，强调文字颜色 1，轮廓-白色”，字体为“幼圆”，字号 54 磅，制作效果如图 10-14 所示。

图 10-14　第 9 张幻灯片

操作步骤：

更改第 9 张幻灯片的主题样式：选择第 9 张幻灯片，在“设计”选项卡中右击“主题”组中的“角度”样式，在弹出的快捷菜单中选择“应用于选定幻灯片”命令。

11．放映幻灯片，观看幻灯片放映效果。

操作步骤：

（1）从头开始放映幻灯片。

方法一：单击“幻灯片放映”选项卡“开始放映幻灯片”组中的“从头开始”按钮。

方法二：单击 F5 键。

（2）直接从当前幻灯片放映。

方法一：单击“幻灯片放映”选项卡“开始放映幻灯片”组中的“从当前幻灯片开始”按钮。

方法二：单击状态栏的幻灯片放映按钮。

方法三：按组合键 Shift+F5。

12．结束放映，并存盘退出 PowerPoint。

操作步骤：按 Esc 键即可结束放映。

四、强化训练

打开 XM10 文件夹中的 mydream.pptx 演示文稿，另存为 mydream2.pptx，完成如下操作：进入幻灯片母版视图，将应用了“平衡”主题的幻灯片中的圆角矩形全部填充“雨后初晴”的预设渐变效果。在幻灯片浏览视图中的效果如图 10-15 所示。

图 10-15　为“平衡”主题的幻灯片中的圆角矩形填充“雨后初晴”渐变效果

操作步骤：

1．进入幻灯片母版视图方法：选择“视图”→“母版视图”→“幻灯片母版”命令。

2．将所有幻灯片的主题颜色更改为“角度”。

3．将第 2 张幻灯片内容占位符中的文字转换为 SmartArt 图形——“垂直曲形列表”，并将该 SmartArt 图形更改颜色为“彩色-强调文字颜色”，重点圆形区域分别插入写有数字编号的文本框，效果如图 10-16 所示。

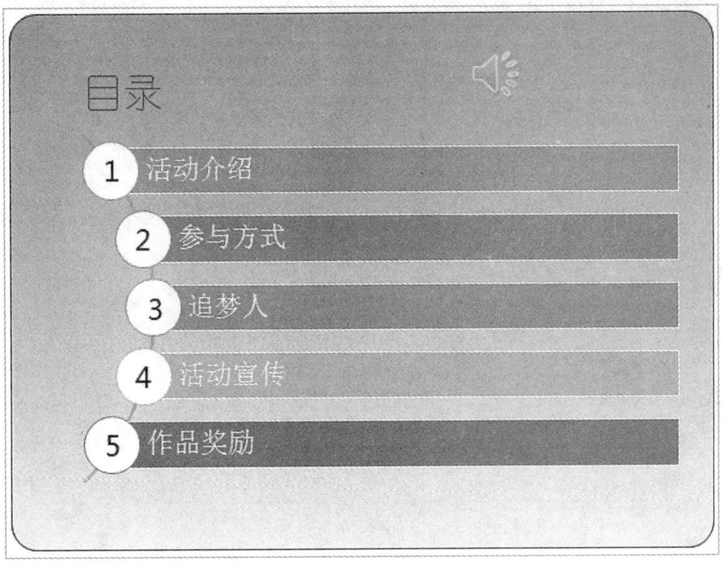

图 10-16　将文字转换为 SmartArt 图形

4．将第 3 张幻灯片中“活动时间”的下一级项目内容转换为 SmartArt 图形——“重点流程”，并设置该 SmartArt 图形样式为“三维”中的“嵌入”，如图 10-17 所示。

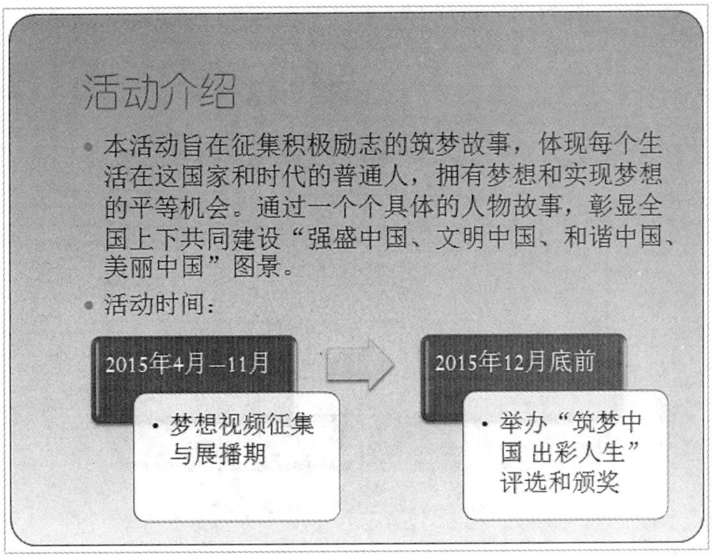

图 10-17　第 3 张幻灯片修改后的效果

5．将第 2 张幻灯片中的音频文件播放方式改为从 00:02 秒开始播放，播放范围从第 2 张幻灯片开始，第 5 张幻灯片播放完声音停止。

6．在第 5 张幻灯片中每个人物版块插入一根竖线，线条颜色为“灰色-50%，强调文字颜色 1，深色 50%”，线条粗细为 3.5 磅；人物的名字设置为“微软雅黑”字体，字号 20 磅。并合理排列文本框的位置。制作效果参考图 10-18。

图 10-18　第 5 张幻灯片修改后的效果

7．在第 6 张幻灯片中插入 XM10 文件夹中的 TV.jpg 图片，并将该图片删除背景，置于底层，将视频形状恢复为矩形，调整合适的高度和宽度，置于电视机图像的上一层。制作效果如图 10-19 所示。

图 10-19　第 6 张幻灯片修改后的效果

8．在第 7 张幻灯片中，将表格样式更改为“中度样式 2-强调 2”。

9．放映幻灯片，观看演示效果，然后结束放映，并存盘退出 PowerPoint。

五、实训小结

1．要在演示文稿中载入视频文件，有多少种方法？

2．在演示文稿中可以插入 Flash 文件并在放映幻灯片时播放吗？如果能，是如何做到的？

3．在制作演示文稿时，很多同学都喜欢在一张幻灯片中把字堆成山，这是 PPT 制作的大忌，对于一张幻灯片，如果其中文字很多又不能简化，想一想要怎样通过排版或操作技巧来有效提升演示文稿的可视化效果？

4．在演示文稿中，可选择插入表格或插入图表来传达信息，这两种方法有何优劣势？什么场合应该用表格？什么场合应该用图表？

实训项目十一　演示文稿软件 PowerPoint 的综合应用

一、实训目的

1．掌握演示文稿中幻灯片的编辑与设置方法。

2．掌握幻灯片之间切换效果的设置方法。

3．掌握幻灯片中文本、图片等对象的动画效果设置方法。

4．掌握幻灯片放映方式的设置方法。

二、实训要求

1．硬件资源：PC 一台/人。

2．软件资源：Windows 7 操作系统、PowerPoint 2010、XM11 文件夹及资源。

三、实训内容及步骤

（一）实训内容

本实训项目通过对实训项目十建立的演示文稿进行幻灯片顺序的调整、删除等编辑操作，插入动作按钮，设置超链接，并在幻灯片中对其中的对象进行动画效果的设置、幻灯片间的切换效果设置、放映方式的设置，使学生掌握在 PowerPoint 2010 中编辑和设置演示文稿的方法。

（二）实训步骤

1．打开 XM11 文件夹中的 mydream.pptx 文件，另存为“中国梦.pptx”，将第 6 张幻灯片调到第 1 张幻灯片之后，作为第 2 张幻灯片。

操作步骤：

在窗口左侧的“幻灯片”窗格中选择第 6 张幻灯片，按住鼠标左键将第 6 张幻灯片拖到第 1 张幻灯片之后，释放鼠标。

2．为第 3 张幻灯片中的目录文本设置超链接，链接到同一演示文稿相应内容的幻灯片。

操作步骤：

选择第 3 张幻灯片中的文本，如“活动介绍”，单击“插入”→“链接”→“超链接”按钮，在“插入超链接”对话框中设置链接到“本文档中的位置”，选择文档中的位置“4.活动介绍”，单击“确定”按钮，如图 11-1 所示。

3．为第 5 张幻灯片的文字“@央视新闻”设置超链接，链接到“http://weibo.com/cctvxinwen”。为“直接上传梦想”的图片设置超链接，链接地址与“页面入口”文字所设置的超链接地址相同。

操作步骤：

选择第 5 张幻灯片中的文本“@央视新闻”，单击“插入”→“链接”→“超链接”按钮，在“插入超链接”对话框中设置链接到“现有文件或网页”，在地址栏中输入 http://weibo.com/cctvxinwen，单击“确定”按钮。

为图片设置超链接的方法与为文字设置超链接方法相同。

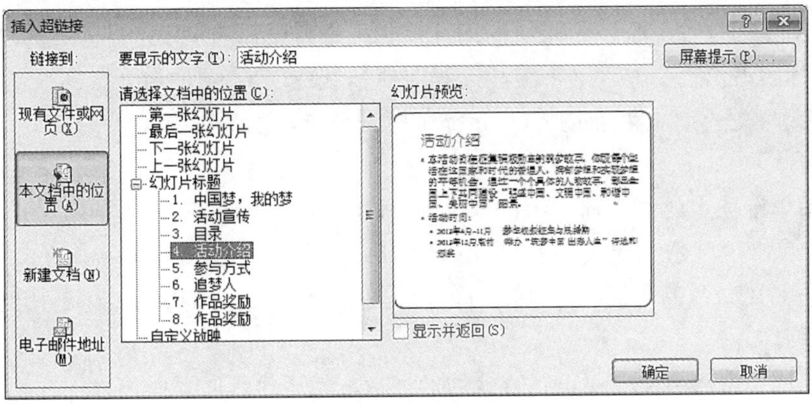

图 11-1　插入超链接

思考：如果要求文字或图片链接到电子邮件地址 cctvxinwen@cctv.com，又该如何设置？

4．在第 2 张幻灯片中插入链接到第一张和下一张幻灯片的动作按钮，并为动作按钮套用“中等效果-橙色，强调颜色 1”的形状样式，将高度和宽度均设置为 2 厘米，如图 11-2 所示。

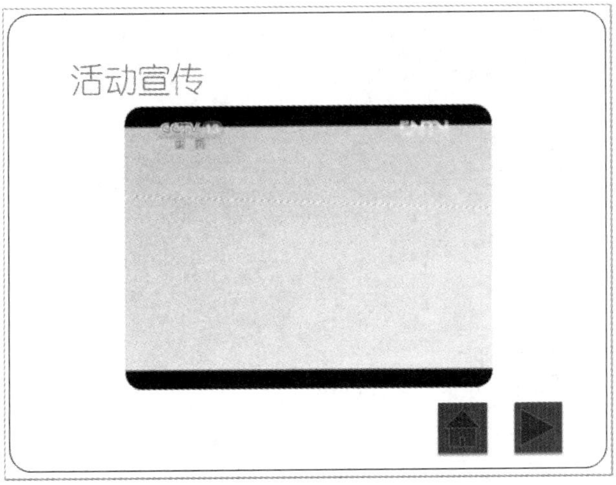

图 11-2　插入“第一张”和“下一张”动作按钮

操作步骤：

（1）选择第 2 张幻灯片，单击“插入”选项卡，在“插图”组中打开“形状”下拉列表，选择“动作按钮”中的“动作按钮：第一张”，这时鼠标形状变成“+”，然后在第 2 张幻灯片的空白处对角线拖动鼠标即可画出链接到“第一张”的按钮。

（2）用同样方法可得链接到“下一张”幻灯片的动作按钮。

（3）同时选中这两个动作按钮，在“绘图工具”的“格式”选项卡中通过“形状样式”组设置按钮的形状样式，在“绘图工具”的“格式”选项卡中通过“大小”组设置按钮的宽度和高度。

5．删除第 1 张幻灯片和最后 1 张幻灯片。

操作步骤：

选择第 1 张幻灯片和最后 1 张幻灯片，按 Delete 键即可删除。

6．在第 1 张幻灯片前添加一张新的幻灯片，选定其版式为“仅标题”，并完成如下操作。

（1）在标题占位符中输入“中国梦，我的梦”，设置字体颜色为“红色”，字号为 72 磅，加粗，文本轮廓颜色为“白色，背景 1”，添加阴影效果，水平居中。

操作步骤：

在“开始”选项卡的“字体”组的“文字阴影”选项中设置文字阴影。在“绘图工具”的“格式”选项卡“艺术字样式”组的“文本轮廓”选项中设置文本轮廓颜色。

（2）设置该幻灯片的背景填充为 XM11 文件夹中的图片文件 TP11.jpg，透明度设置为 30%。

操作步骤：

在“幻灯片”窗格中选中要设置背景的幻灯片，然后执行以下操作之一。

方法一：单击“设计”→“背景”→“背景样式”，在下拉列表中选择“设置背景格式”命令，弹出“设置背景格式”对话框，如图 11-3 所示，在“填充”选项中选择“图片或纹理填充”单选按钮，然后选择相应图片文件进行填充。

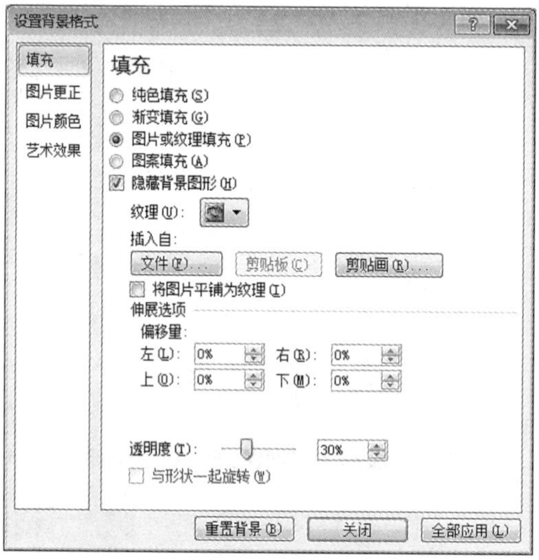

图 11-3 “设置背景格式”对话框

方法二：右击要设置背景的幻灯片的空白处，再选择“设置背景格式”选项。

背景图片透明度的设置：在图 11-3 所示的“设置背景格式”对话框中拖动透明度滑块到 30%。

注意：此处如果不希望受原主题背景的影响可以勾选“隐藏背景图形”复选框。设置背景如果只应用于单张幻灯片，不要单击图 11-3 所示的“设置背景格式”对话框中的“全部应用”按钮。直接单击“关闭”按钮即可。

（3）在第 1 张幻灯片中插入 XM11 文件夹中的 tu1.jpg、tu2.jpg、tu3.jpg、tu4.jpg 图片，统一调整大小为高度 5 厘米、宽度 5.8 厘米，图片样式均应用“圆形对角，白色”，图片效果均设置为“紧密映像，接触”，并设置各图片的位置和排列如图 11-4 所示。

图 11-4　新插入的第 1 张幻灯片效果图

7．将所有幻灯片的标题动画效果设置为：进入效果为“飞入”，方向为“自右侧”，速度为“中速（2 秒）”，声音为“风铃”，按字母发送，从上一动画之后开始。

操作步骤：

（1）因为是要对所有幻灯片的标题设置动画效果，所以应该进入幻灯片母版视图进行批量操作。通过单击“视图”选项卡中的“幻灯片母版”按钮进入。

（2）先在左侧窗格中选中主母版（排在第 1 位的最大的那张），然后在右侧幻灯片编辑区单击主母版的标题进行设置。

（3）打开“动画”选项卡（图 11-5），在“动画”组中选择“飞入”效果（或者打开“添加动画”下拉列表，在“进入”中选择“飞入”效果，如列表中无所要求的动画效果，请单击“更多进入效果...”或者下拉箭头进一步查找）。

图 11-5　“动画”效果选项

然后单击“动画”组右下角的“显示其他效果选项”按钮，在“飞入 效果”选项卡中选“方向”为“自右侧”，“声音”为“风铃”，在“动画文本”选项中选择“按字母”。在“计时”选项卡中选“开始”为“上一动画之后”，“期间”为“中速（2 秒）”，单击“确定”按钮，（这些动画效果选项部分也可以在“动画”选项卡的各面板组中直接进行设置）如图 11-6 所示。

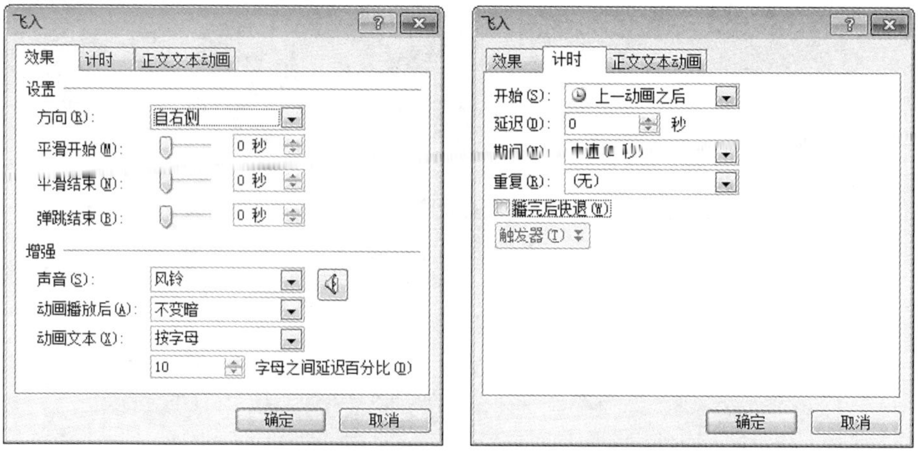

图 11-6　设置“飞入”效果选项

（4）切换到“幻灯片母版”选项卡，单击“关闭母版视图”按钮。

8．设置所有幻灯片的切换效果为：圆形、持续时间 1 秒，“箭头”声音，换片方式为每隔 3 秒。

操作步骤：

打开“切换”选项卡，单击“切换到此幻灯片”组的下拉列表，选择“形状”效果，在“效果选项”中选择“圆”，在“声音”下拉列表中选择“箭头”，在“持续时间”选项中设置“01.00”，即 1 秒，在“换片方式”选项中取消勾选“单击鼠标时”复选框，勾选“设置自动换片时间”复选框，并设置换片时间为“00:03.00”，最后单击“全部应用”按钮，如图 11-7 所示。

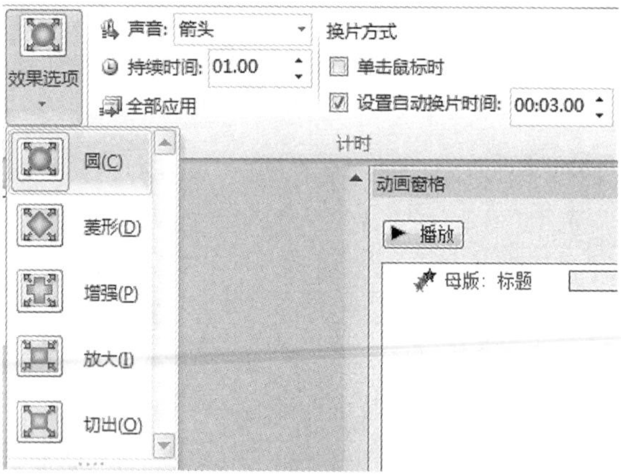

图 11-7　设置幻灯片切换效果

9．设置自定义放映，要求顺序为：第 1 张→第 3 张→第 4 张→第 5 张→第 6 张→第 2 张→第 7 张→第 8 张。幻灯片放映名称为：中国梦。

操作步骤：

（1）打开“幻灯片放映”选项卡，选择“自定义幻灯片放映”下拉列表中的“自定义放映”，打开“定义自定义放映”对话框，在对话框中单击“新建”按钮，在“幻灯片放映名称”文本框中输入“中国梦”，如图 11-8 所示。

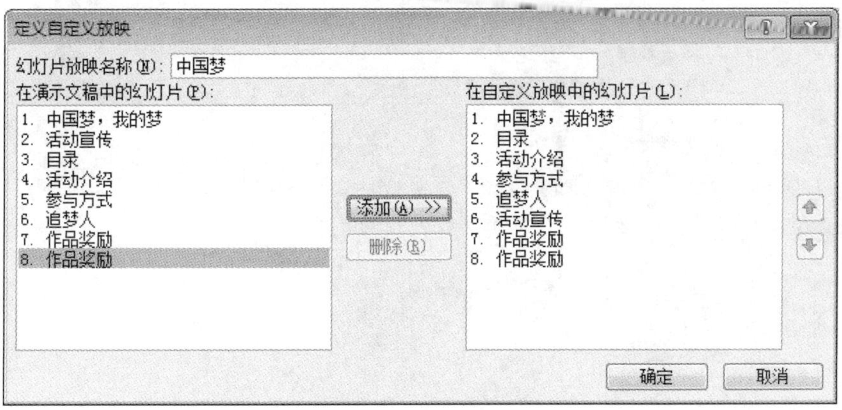

图 11-8　设置自定义放映

（2）在“在演示文稿中的幻灯片”中依次选“1.中国梦，我的梦”→“添加”→选择“3.目录”→“添加”……选择“8.作品奖励”→“添加”。

（3）单击“确定”按钮，关闭“定义自定义放映”对话框。

（4）在“幻灯片放映”选项卡单击“设置幻灯片放映”按钮，在“放映幻灯片”中选择“自定义放映”单选按钮，在下拉列表中选择“中国梦”，如图 11-9 所示。

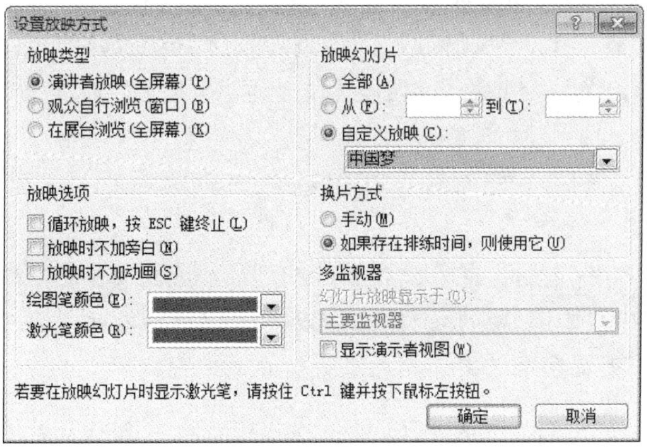

图 11-9　设置放映方式

10．放映幻灯片，观看演示效果，然后结束放映，并存盘退出 PowerPoint。

四、强化训练

打开 XM11 文件夹中的“中国梦.pptx”演示文稿，另存为“中国梦 2.pptx”，并完成如下操作：

1．取消“中国梦”自定义放映方案，将放映幻灯片改为按顺序放映，即第 1 张→第 2 张→第 3 张→第 4 张→第 5 张→第 6 张→第 7 张→第 8 张。

操作步骤：将图 11-9 的“放映幻灯片”选项改为“全部”。

2．打造个性化的版式母版。修改幻灯片母版，将 XM11 文件夹中的 tu1.jpg 插入到版式母版，调整其大小，置于圆角矩形的上方，并删除背景。同时设置圆角矩形的轮廓颜色为“深红，强调文字颜色 2”。调整标题占位符至合适的大小和位置。效果如图 11-10 所示。

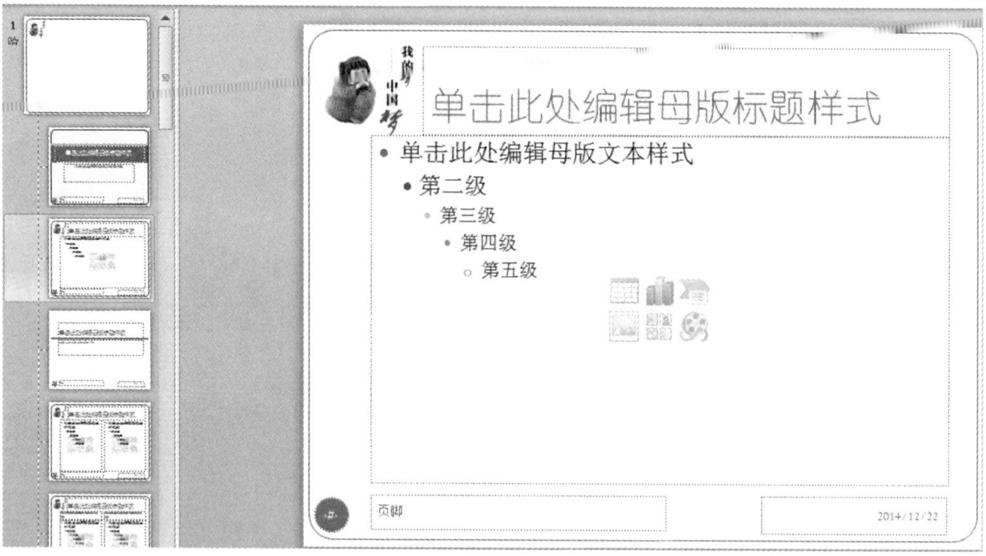

图 11-10 设计个性化母版

3．将第 6 张幻灯片的人物图片动画效果设置为：进入效果为“轮子-4 幅轮图案（4）”，速度为“慢速（3 秒）”，与上一动画同时开始。人物图片下方文本框的动画效果均设置为：进入效果为“擦除”，方向为“自顶部”，速度为“快速（1 秒）”，从上一动画（人物图片动画）之后开始。

4．用“动画刷”复制第 6 张幻灯片中人物图片的动画效果，并将此动画效果应用到第 8 张幻灯片中的图表上。

5．在最后一张幻灯片之后再插入一张新的幻灯片，应用“空白”版式，该幻灯片的制作请参照 XM11 文件夹中“中国梦最后一页动画效果.exe”展示的动画效果来制作。

6．放映幻灯片，观看演示效果，然后结束放映，并存盘退出 PowerPoint。

五、实训小结

1．幻灯片切换、幻灯片动画都需要设置动画效果，比如两者都有淡出的动画效果设置，它们有什么不同？

2．幻灯片有几种放映类型？如何给幻灯片录制旁白？如何在放映幻灯片时运用绘图笔和激光笔？

3．如何将做好的演示文稿创建为视频文件？

实训项目十二　网络操作及电子邮件

一、实训目的

1．掌握 IE 浏览器的使用及保存网页中不同类型文件的方法。

2．掌握使用 Outlook 或其他编辑电子邮件软件创建邮件的基本方法。

3．熟悉 TCP/IP 的设置情况。

二、实训环境

1．硬件资源：PC 一台/人。

2．软件资源：Windows 操作系统、Office 2010、XM12 文件夹及资源。

三、实训内容及步骤

1．打开 IE 浏览器，打开 XM12 中的 WEB12.htm 文件。

2．将该网页中的全部文本以文件名 text12.txt 保存到 XM12 文件夹中。

操作步骤：

选择网页中所有的文本文字，将其复制后粘贴到新建的文本文档，单击“另存为”按钮，输入文件名，选择保存位置，然后单击“保存”按钮。

3．将该网页以“网页，仅 HTML（*.htm）”类型，用文件名 KUP12 保存到 XM12 文件夹中。

操作步骤：

直接双击网页文件 WEB2.htm，选择“文件”→“另存为”命令，弹出“另存为”对话框，在“保存类型”下拉列表中设置存储格式，在“文件名”文本框中输入文件名，在“保存在”框中选择保存位置，然后单击“保存”按钮。

4．将该网页中的“信天翁”图片以默认类型，文件命名为 WEB12 保存到 XM12 文件夹中。

操作步骤：

找到“信天翁”图片，在图片上右击，在快捷菜单中选择“图片另存为”命令。在弹出的“保存图片”对话框中选择要保存的文件夹，输入文件名称，单击“保存”按钮。

5．打开收发电子邮件软件，如 Microsoft Outlook。

6．编辑电子邮件。

收件人地址：GXCME@GXCME.EDU.CN

主题：T□稿件

正文如下：

梁老师：您好！

本机的 IP 地址是：（请在此输入本机的 IP 地址）

网关地址是：（请在此输入本机的网关地址）

子网掩码是：（请在此输入本机的子网掩码）

DNS 服务器地址是：（请在此输入本机的 DNS 服务器地址）

操作步骤：

（1）选择“开始”→“所有程序”命令，找到“Microsoft Outlook 2010”，单击“Outlook 2010”按钮，打开“Microsoft Outlook 2010 启动”窗口，单击“下一步”按钮，在出现的“账户配置”窗口中选择“否”选项，然后单击“下一步”按钮，在出现的“取消配置”窗口中选择“继续（没有电子邮件支持）”命令，然后单击“完成”按钮，完成 Microsoft Outlook 的启动，在工具栏单击“新建电子邮件”按钮，此时进入编辑电子邮件窗口，如图 12-1 所示，在相应的位置输入收件人地址、主题和正文的内容。

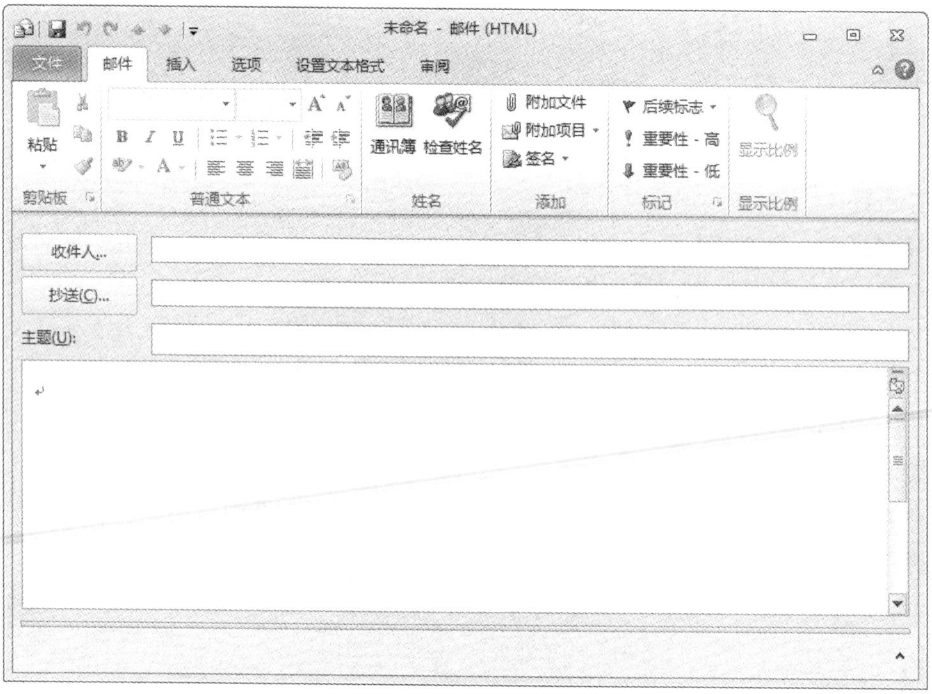

图 12-1 编辑电子邮件窗口

（2）右击桌面上的“网络”图标，在弹出的快捷菜单中选择“属性”命令，出现相应的窗口。

（3）单击出现的窗口中的“本地连接”文字，出现“本地连接 2 状态”对话框，如图 12-2 所示。

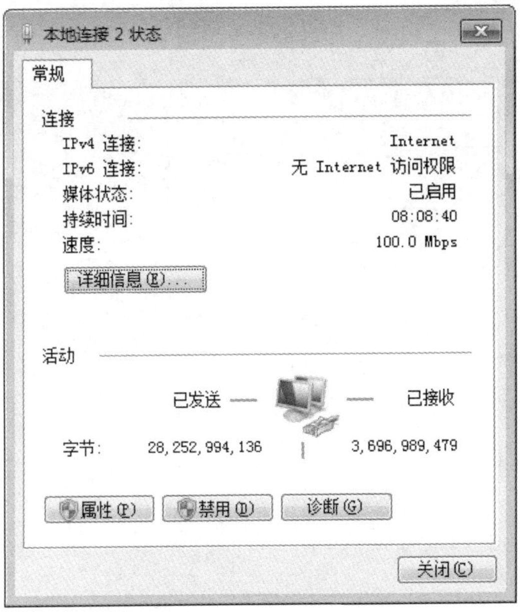

图 12-2 “本地连接 2 状态”对话框

（4）在图 12-2 中单击“详细信息”按钮即可出现“网络连接详细信息”对话框，其中就显示 IPv4 地址（例如：210.36.157.7）、IPv4 子网掩码（例如：255.255.255.224）、IPv4 默认网关（例如：210.36.157.30）、IPv4 DNS 服务器，具体如图 12-3 所示。

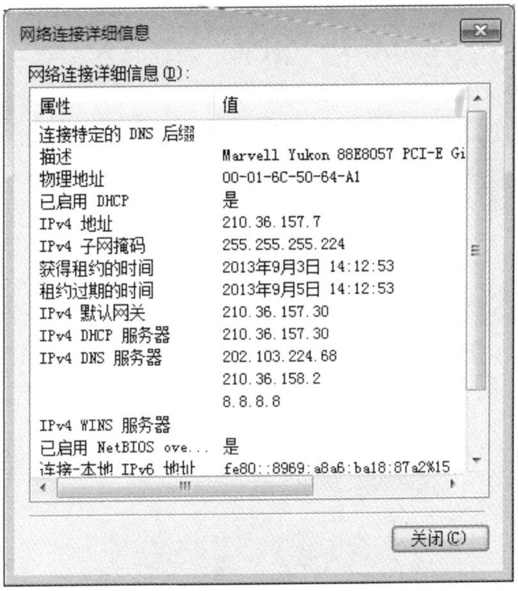

图 12-3 “网络连接详细信息”对话框

7．将 XM12 文件夹中的 SFIE2.txt 文件作为电子邮件的附件。

操作步骤：

在编辑新邮件的窗口中单击工具栏的“附加文件”按钮或选择“插入”菜单的“附加文

件”命令，弹出“插入文件”对话框，如图 12-4 所示。

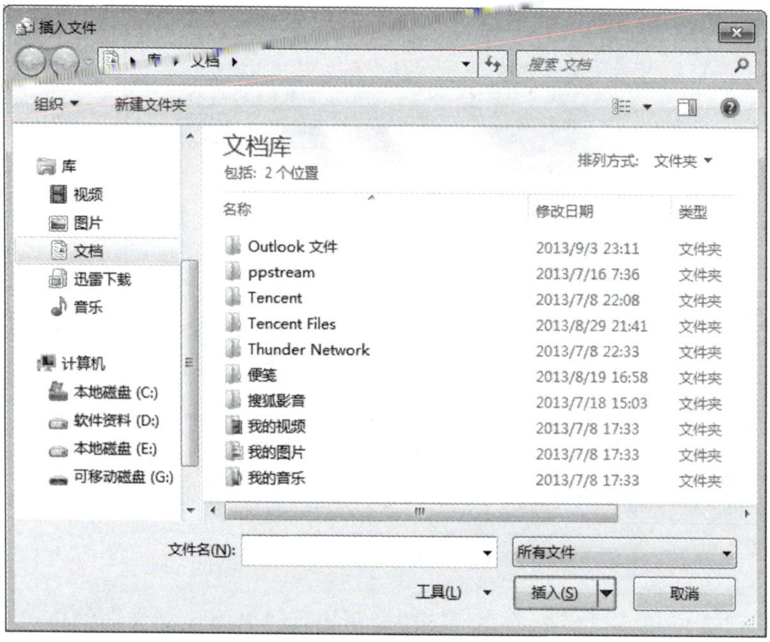

图 12-4 “插入文件”对话框

通过这个对话框左边相应的操作找到所要插入的文件，选择它，单击“插入”按钮，即可把相应文件作为正在编辑邮件的附件了。

8．将编辑好的电子邮件以 EMAIL 为文件名，另存到 XM12 文件夹中。

操作步骤：

在“新邮件”窗口中选择“文件”→“另存为”命令，打开“另存为”对话框，在“保存在”的位置设置为 XM12 文件夹，在“文件名”位置输入“EMAIL”，单击“保存”按钮。

四、实训小结

1．如何复制“网络连接详细信息”对话框中的 IP 地址？

2．还有其他方法可以查看 IP 地址吗？如何操作？

实训项目十三　计算机信息安全软件应用

一、实训目的

1．掌握杀毒软件的使用方法。

2．了解安全防护软件的主要功能和使用方法。

二、实训要求

1．硬件资源：PC 一台/人。

2．软件资源：Windows 操作系统、能正常访问的互联网。

三、实训内容及步骤

（一）实训内容

下载、安装和使用杀毒软件查杀病毒，使用安全防护软件防止病毒、木马等入侵和维护计算机。以 360 杀毒软件和 360 安全卫士的应用为例。

杀毒软件以治为主，用于检查计算机是否已经中毒，并进行灭除。

安全防护软件以防为主，用于防止病毒、木马等入侵，并解决维护等计算机的问题。

目前流行的杀毒软件主要有：360 杀毒、瑞星杀毒、金山毒霸等。流行的安全防护软件主要有：360 安全卫士、瑞星个人防火墙、金山卫士等。

（二）实训步骤

1．下载 360 杀毒软件和 360 安全卫士。

（1）打开浏览器，在网址栏输入“360”，按 Enter 键，在搜索到的页面中点击“官网”链接，如图 13-1 所示，登录到 360 安全中心。

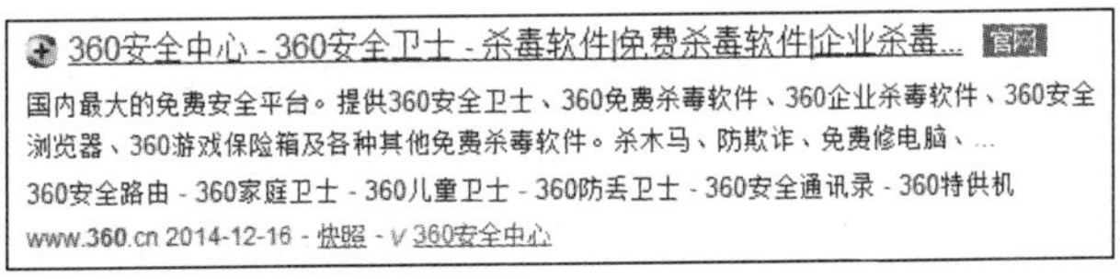

图 13-1　搜索到的 360 安全中心链接

（2）点击下载链接，如图 13-2 所示。下载 360 杀毒软件和 360 安全卫士到本机上。

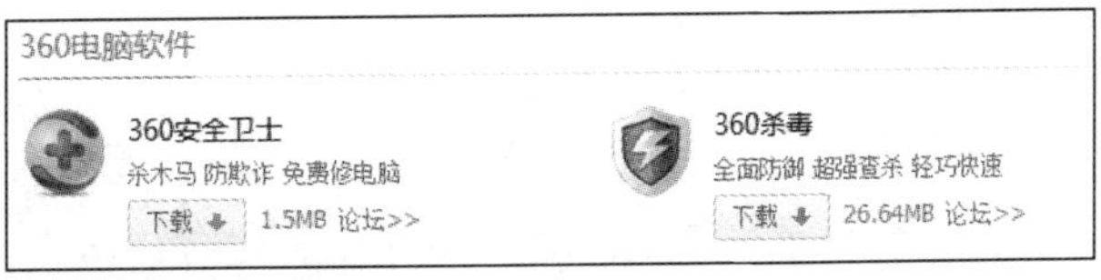

图 13-2　下载 360 杀毒软件和 360 安全卫士

2．安装 360 杀毒软件和 360 安全卫士。

（1）安装 360 杀毒软件，如图 13-3 所示。

（2）安装 360 安全卫士，如图 13-4 所示。

图 13-3　安装 360 杀毒软件

图 13-4　安装 360 安全卫士

3．应用 360 杀毒软件对计算机进行扫描杀毒。

360 杀毒软件扫描方式有全盘扫描、快速扫描、自定义扫描和宏病毒扫描，如图 13-5 所示。

图 13-5　用 360 杀毒软件扫描杀毒

（1）全盘扫描。对计算机的所有逻辑盘的所有文件以及系统设置、常用软件、内存活跃程序、开机启动项等对象进行病毒扫描和查杀。

（2）快速扫描。仅对系统设置、常用软件、内存活跃程序、开机启动项和系统关键位置进行病毒扫描和查杀，不对其他的磁盘文件进行病毒扫描和查杀。

（3）自定义扫描。对指定的磁盘或文件夹进行病毒扫描和查杀。

（4）宏病毒扫描。仅对宏病毒进行扫描和查杀。

4．应用 360 安全卫士进行计算机管理与维护。

（1）电脑体检。对计算机进行故障检测、垃圾检测、速度检测、安全检测和系统强化检测。在启动 360 安全卫士时，会显示用户已经有多少天没有进行体检，并建议进行体检。

体检完毕，列出已经检测的项目，说明哪些项目有问题和哪些项目没有问题，提供“一键修复”和逐项“优化”“清理”等功能，如图 13-6 所示。

图 13-6　电脑体检结果

（2）木马查杀。扫描计算机中是否有木马程序，并进行处理。有快速扫描、全盘扫描和自定义扫描三种扫描方式，如图 13-7 所示。

图 13-7　快速扫描木马

木马是一种特殊的病毒，它不会自我繁殖，也并不“刻意”地去感染其他文件，它通过将自身伪装来吸引用户下载执行，向施种木马者提供打开被种者计算机的门户，使施种者可以远程操控和监控被种者的计算机，达到毁坏、窃取被种者的文件及账号、密码等目的。

（3）系统修复。检测和修复软件及系统的异常和漏洞。有常规修复和漏洞修复两种工作方式，如图 13-8 所示。

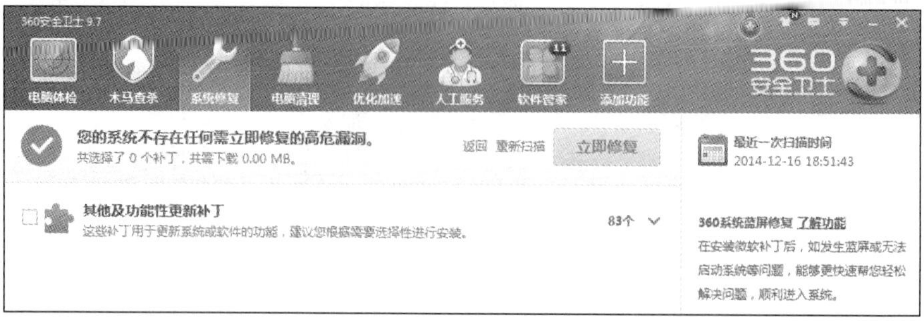

图 13-8 漏洞修复

- 常规修复主要是检测和修复浏览器组件等问题。
- 漏洞修复主要是检测和修复计算机存在的漏洞和可更新的系统补丁。

（4）电脑清理。检测和清理计算机垃圾、上网痕迹、无效注册表项、Cookies 和不常用的软件等，以达到提升硬盘可用空间、保护个人隐私和提高系统运行的稳定性及运行速度的目的。可以对所有项目一键扫描或选择对应的项目扫描，扫描完成后可以对所有项目进行一键清理，也可以选择对应的项目进行清理，如图 13-9 所示。完成电脑清理后，自动进入优化加速功能。

图 13-9 电脑清理

（5）优化加速。用于提升计算机开机、关机的速度，系统的运行速度，打开网页的速度和网速等。包括一键优化、深度优化、我的开机时间、启动项和优化记录与恢复操作项，如图 13-10 所示。

- 一键优化：安全卫士根据检测到的系统状态自动选择可优化项。
- 深度优化：通过优化硬盘传输效率、整理磁盘碎片等方法，提高计算机运行速度。

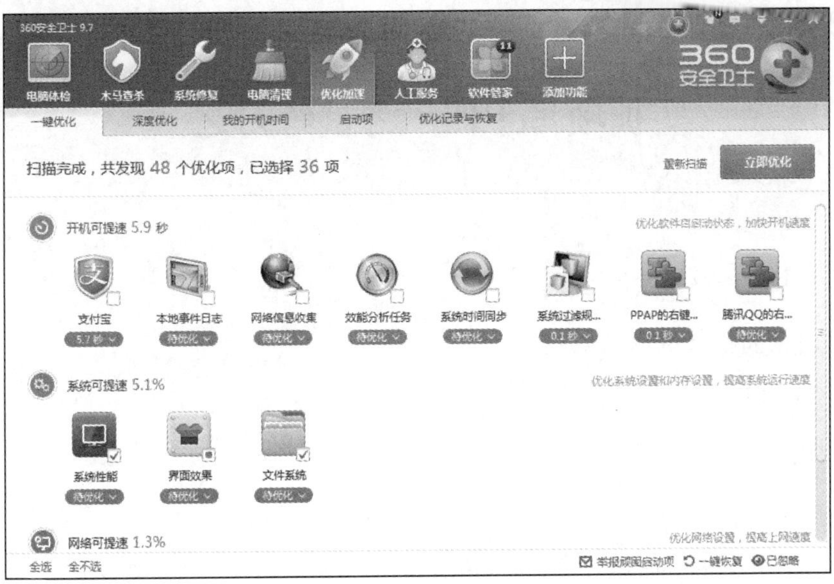

图 13-10　一键优化

- 我的开机时间：检测计算机开机启动项占用的开机启动时间，让用户自主选择禁止。
- 启动项：管理开机启动项，包括禁止和开启。
- 优化记录与恢复：安全卫士保存用户的优化记录，让用户自己选择恢复与优化项。

（6）软件管家。用于帮助用户从网上下载和安装软件，对已经安装的软件进行版本检测并提醒用户进行升级，帮助用户卸载已经安装的软件等。

四、实训小结

1．在应用杀毒软件查杀病毒时，本机有没有病毒和木马程序？

2．在应用安全防护软件进行系统修复时，本机存在多少漏洞和可更新的系统补丁？

实训项目十四　考试练习之一

一、实训目的

1．了解机试的题型和内容。
2．训练应用各个软件的能力。

二、实训要求

1．硬件资源：PC 一台/人。
2．软件资源：Windows 操作系统、Office 软件、XM141 和 XM142 文件夹及素材。

三、实训内容

按照题目要求完成模拟题。

机试试题（1）

考试时间：50 分钟　　（闭卷）

准考证号：______________________ 姓名：________________

注意：试题中“T□”是考生考试文件夹，“□”用考生自己的准考证号（16 位）代替。

文件操作（15 分）

按要求完成下列操作：

1．在 U:\下新建一个文件夹 T□，并将 K:\ XM141 文件夹中的所有内容复制到 T□文件夹中。（4 分）
2．将 T□\exam1 文件夹中的 mv1.txt 文件移动到 T□文件夹中。（3 分）
3．将 T□文件夹中的 r1.rar 文件解压到当前文件夹。（4 分）
4．删除 T□文件夹中 0 字节的文件（2 个）。（4 分）

Word 操作（25 分）

打开 T□\exam1 文件夹中的 Word 文档 ycx1.doc，完成如下操作：
1．页面设置：设置纸张大小为 16 开，页边距左、右各为 2.0 厘米。（3 分）
2．将标题文字“阳关雪”设置为小二号、加粗、居中。（3 分）
3．输入以下文字作为正文最后一段，并设置该段的字体颜色为蓝色。（7 分）

一走出小小的县城，便是沙漠。除了茫茫一片雪白，什么也没有，连一个皱折也找不到。在别地赶路，总要每一段为自己找一个目标，盯着一棵树，赶过去，然后再盯着一块石头，赶过去。

4．将正文所有段落设置为：首行缩进 2 字符，行距为最小值 18 磅。（4 分）

5．将正文第二段分为等宽的两栏，栏间距设置为 2 字符。（3 分）

6．在正文末尾制作如下表格。（5 分）

<table>
<tr><td rowspan="3">作者简介</td><td>姓名</td><td></td></tr>
<tr><td>职业</td><td></td></tr>
<tr><td>代表作</td><td></td></tr>
</table>

7．保存退出。

Excel 操作（20 分）

打开 T□\exam1 文件夹中的 Excel 文件 Bg1.xls，完成以下操作：

1．在 Sheet1 工作表中，用公式或函数计算金额及其合计，其中：金额＝单价×订货数量。（6 分）

2．在 Sheet1 工作表中，建立如下图所示的订货数量比较图（簇状条形图），并嵌入本工作表中。（6 分）

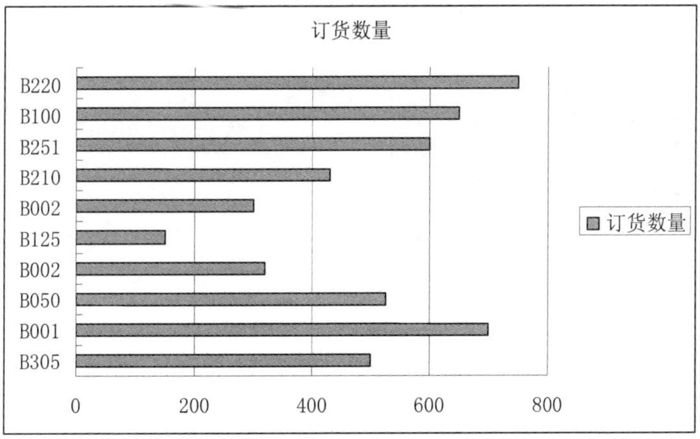

3．为 Sheet1 工作表作一个备份，并命名为“订货数量”。（4 分）

4．在 Sheet2 工作表中，筛选出所属部门为财务部且工龄大于 10 的记录。（4 分）

5．存盘退出。

PowerPoint 操作（20 分）

打开 T□\exam1 文件夹中的演示文稿 pyy1.ppt，完成以下操作：

1．为第 1 张幻灯片中的文字“维生素 D”设置超链接，链接到第 5 张幻灯片。（4 分）

2．将第 2 张幻灯片的版式设为“标题和内容”，复制 T□\ptt1.txt 文件中的文本到内容占位符中。（4 分）

3．设置所有幻灯片切换效果为“溶解”，将换片方式改为“单击鼠标时”。（4 分）

4．为第 3 张幻灯片中的图片设置动画：进入效果为擦除、上一项之后开始。（4 分）

5．在第 4 张幻灯片中添加一个结束放映的动作按钮，放映时单击此按钮即结束放映。（4 分）

6．保存退出。

网络操作（20 分）

1．打开 T□文件夹中的 p1.html 文件，将该网页中的全部文本以文件名 ts1.txt 保存到 T□文件夹中。（5 分）

2．在 T□文件夹中新建一个文本文档 ip1.txt，录入并保存本机的 IP 地址。（5 分）

3．启动收发电子邮件软件，编辑电子邮件。（7 分）

收件人地址：GXCME@GXCME.EDU.CN

主题：T□作业

正文如下：

老师：您好！

我的作业在附件里。谢谢！

（此处输入考生本人姓名）

（此处输入当天日期）

4．将 T□文件夹中的 p5.html 文件作为电子邮件附件，邮件以文件名 lett1 另存到 T□文件夹中。（3 分）

机试试题（2）

考试时间：50 分钟　　（闭卷）

准考证号：________________________ 姓名：________________

注意：试题中“T□”是考生考试文件夹，“□”用考生自己的准考证号（16 位）代替。

文件操作（15 分）

按要求完成下列操作：

1．在 U:\下新建一个文件夹 T□，并将 K:\XM142 文件夹中的所有内容复制到 T□文件夹中。（4 分）

2．将 T□\exam2 文件夹中的 mv2.txt 文件移动到 T□文件夹中。（3 分）

3．删除 T□文件夹中 0 字节的文件（2 个）。（4 分）

4．将 T□文件夹中的所有.txt 文件添加到压缩文件，命名为 r2.rar。（4 分）

Word 操作（25 分）

打开 T□\exam2 文件夹中的 Word 文档 hsrc2.doc，按要求完成下列操作：

1．页面设置：设置纸张大小为 A4；页边距上、下各为 2.5 厘米。（3 分）

2．将标题文字“海上日出”设置为黑体、三号、居中。（3 分）

3．输入以下文字作为正文第三段，并设置该段的字体颜色为蓝色。（7 分）

果然过了一会儿，在那个地方出现了太阳的小半边脸，红是真红，却没有亮光。这个太阳好像负重似地一步一步，慢慢地努力上升，最后，终于冲破了云霞，完全跳出了海面，颜色红得非常可爱。

4．将正文（除表格外）所有段落设置为：首行缩进 2 字符，段前间距为 0.5 行。（4 分）

5．将 T□文件夹中的图片 rc2.jpg 插入到正文中，设置图片环绕方式为“紧密型”。（3 分）

6．对文档中的表格完成以下操作：（5 分）

（1）在表格第三行的下方插入一行，设置各行行高为 1.2 厘米。

（2）设置表格内所有单元格对齐方式为水平居中。

7．存盘退出。

Excel 操作（20 分）

打开 T□\exam2 文件夹中的 Excel 文件 Bg2.xls，完成以下操作：

1．在 Sheet1 工作表中录入各记录的编号（001，002，…，010），并为 A2:G12 区域的所有单元格添加边框。（5 分）

2．在 Sheet1 工作表中用公式计算“工龄”（工龄＝2013–工作年份）。（5 分）

3．在 Sheet1 中，建立如下图所示的簇状柱形图，并嵌入本工作表中。（6 分）

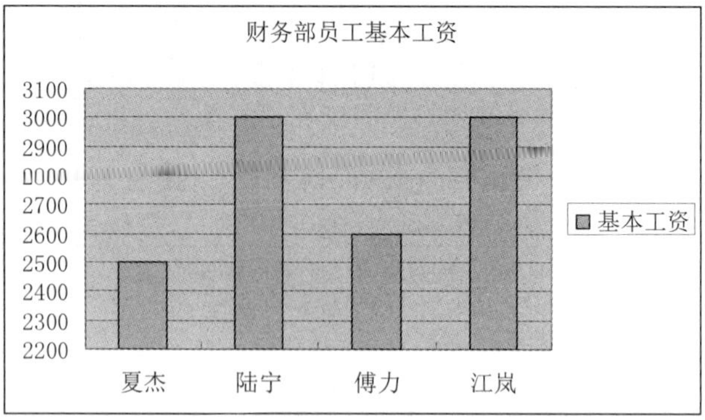

4．在 Sheet2 工作表中按“部门”分类汇总平均休假天数。（4 分）

5．存盘退出。

PowerPoint 操作（20 分）

打开 T□\exam2 文件夹中的演示文稿 pyy2.ppt 文件，完成以下操作：

1．为第 1 张幻灯片标题文字“蛋白质”设置超链接，链接到网址：http://www.baidu.com。（4 分）

2．为第 2 张幻灯片的图片设置动画：进入效果为“飞入”、上一项之后开始。（4 分）

3．在最后一张幻灯片之后插入一张新幻灯片，版式设为“标题和内容”，在内容占位符中插入 T□文件夹中的图片 ppu4.jpg。（4 分）

4．设置所有幻灯片切换效果为“切出”，将换片方式改为“单击鼠标时”。（4 分）

5．设置自定义放映，顺序为：第 1 张→第 6 张→第 2 张。自定义放映名称为：蛋白质。（4 分）

网络操作（20 分）

1．打开 T□文件夹中的 p2.html 文件，将该网页中的全部文本，以文件名 ts2.txt 保存到 T□文件夹中。（5 分）

2．在 T□文件夹中新建一个文本文档 ip2.txt，录入并保存本机的 IP 地址。（5 分）

3．启动收发电子邮件软件，编辑电子邮件。（7 分）

收件人地址：GXCME@GXCME.EDU.CN

主题：T□作业

正文如下：

老师：您好！

我的作业在附件里。谢谢！

（此处输入考生本人姓名）

（此处输入当天日期）

4．将 T□文件夹中的 p2.html 文件作为电子邮件附件，邮件以文件名 lett2 另存到 T□文件夹中。（3 分）

实训项目十五　考试练习之二

一、实训目的

1. 熟悉机试的题型和内容。
2. 综合练习各个机试软件。

二、实训要求

1. 硬件资源：PC 一台/人。
2. 软件资源：Windows 操作系统、Office 软件、XM151 和 XM152 文件夹及素材。

三、实训内容

按照题目要求完成模拟题。

机试试题（1）

考试时间：50 分钟　　（闭卷）

准考证号：______________________ 姓名：________________

注意：试题中“T□”是考生考试文件夹，“□”用考生自己的准考证号（16 位）代替。

文件操作（15 分）

按要求完成下列操作：

1. 在 U:\下新建一个文件夹 T□，并将 K:\XM151 文件夹中的所有内容复制到 T□文件夹中。（4 分）
2. 将 T□\inf1 文件夹中的 sa1.bak 文件移动到 T□文件夹中。（3 分）
3. 删除 T□文件夹中 0 字节的文件（2 个）。（4 分）
4. 将 T□文件夹中所有文本文档添加到压缩文件，命名为 zz1.rar。（4 分）

Word 操作（25 分）

打开 T□\inf1 文件夹中的 Word 文档 gxxp1.doc，完成以下操作：

1. 页面设置：设置纸张大小为 A4；页边距左、右各为 2.3 厘米。（3 分）
2. 将标题文字“兴坪古镇”设置为二号、黑体、居中。（3 分）
3. 输入以下文字作为正文第二段，并设置该段的字体颜色为蓝色。（7 分）

兴坪古街临江段有乾元桥，任凭历史变迁，古桥仍然屹立在那里，但桥面路上的石板光滑平整，昔日廊桥檐口滴水形成石板面上的小坑，清晰可见，站在桥面上，不由得让人们缅怀它悠久的历史。

4．将正文第一段分为等宽的两栏，栏间距设置为 3 字符。（3 分）

5．设置正文各段落的格式（表格除外）：首行缩进 2 字符，行距为固定值 18 磅。（4 分）

6．对表格完成以下操作：（5 分）

（1）在表格第 1 行的上方插入 1 行，合并插入行的所有单元格，输入“兴坪古镇”。

（2）设置所有单元格对齐方式为：垂直和水平方向居中。

7．保存退出。

Excel 操作（20 分）

打开 T□\infl 文件夹中的 Excel 文件 gxb1.xls，完成以下操作：

1．为 Sheet1 的“序号”列录入：001，…，008。（4 分）

2．在 Sheet1 工作表中，利用公式或函数求原工资最大值，并计算浮动额（浮动额=原工资×浮动率），将小数位数设置为 2 位。（6 分）

3．在 Sheet1 中建立如下图所示的三维簇状条形图，并嵌入本工作表中。（6 分）

4．在 Sheet2 工作表中，按“性别”分类汇总，计算原工资的平均值。（4 分）

5．存盘退出。

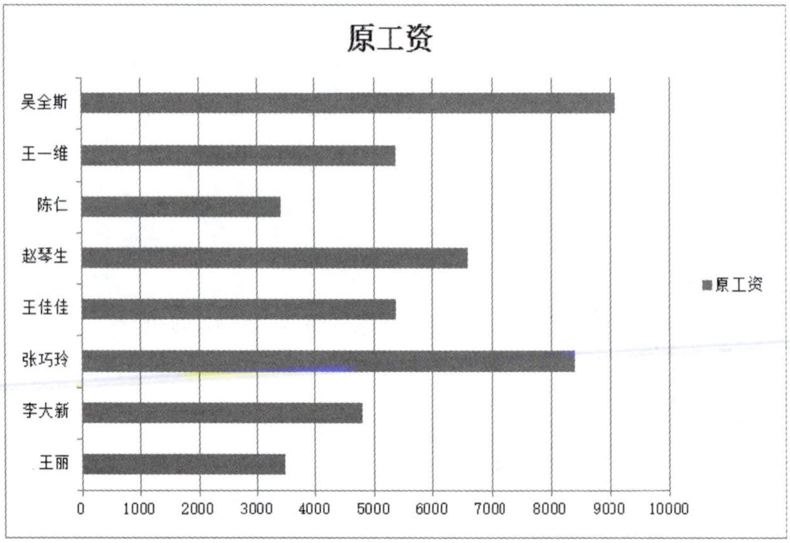

PowerPoint 操作（20 分）

打开 T□\infl 文件夹中的演示文稿 pcwh1.ppt，完成以下操作：

1．为第 1 张幻灯片中的文字“大数据”设置链接到第 4 张幻灯片。（4 分）

2．为第 2 张幻灯片的标题设置动画：进入效果为“擦除”、上一项之后开始。（4 分）

3．在最后一张幻灯片之后插入一张新幻灯片，版式设为“空白”，在该幻灯片内插入 T

□文件夹中的图片 pce1.jpg。（4 分）

4．设置所有幻灯片切换效果为“溶解”，将换片方式改为“单击鼠标时”。（4 分）

5．设置自定义放映，顺序为：第 1 张→第 5 张→第 2 张。自定义放映名称为：大数据。（4 分）

6．保存退出。

网络操作（20 分）

1．打开 T□文件夹中的 qhgk1.html 文件，将该网页中的全部文本以文件名 gk1.txt 保存到 T□文件夹中。（5 分）

2．在 T□文件夹中新建一个文本文档 add1.txt，录入并保存本机的 IP 地址。（5 分）

3．启动收发电子邮件软件，编辑电子邮件。（7 分）

收件人地址：GXCME@GXCME.EDU.CN

主题：T□文件

正文如下：

组长：您好！

文件在附件里，请查收。

（此处输入考生本人姓名）

4．将 T□文件夹中的 logo1.gif 文件作为电子邮件附件，邮件以文件名 mail1 另存到 T□文件夹中。（3 分）

机试试题（2）

考试时间：50 分钟　　（闭卷）

准考证号：________________________　姓名：________________

注意：试题中“T□”是考生考试文件夹，“□”用考生自己的准考证号（16 位）代替。

文件操作（15 分）

按要求完成下列操作：

1．在 U:\下新建一个文件夹 T□，并将 K:\XM152 文件夹中的所有内容复制到 T□文件夹中。（4 分）

2．将 T□\inf2 文件夹中的 sa2.bak 文件移动到 T□文件夹中。（3 分）

3．将 T□文件夹中的 zz2.rar 文件解压到当前文件夹。（4 分）

4．删除 T□文件夹中 0 字节的文件（2 个）。（4 分）

Word 操作（25 分）

打开 T□\inf2 文件夹中的 Word 文档 gxby2.doc，按要求完成下列操作：

1．页面设置：设置纸张大小为 16 开；页边距上、下各为 2.5 厘米。（3 分）

2．将标题文字“剥益古镇”设置为黑体、三号、居中。（3 分）

3．输入以下文字作为正文第三段，并设置该段的字体颜色为蓝色。（7 分）

看点：美丽的古镇，美丽的出浴女子，壮家女子有在驮娘江里和衣而浴的传统，这是一道不一样的风景。距离富宁县城 40 多公里有个八宝镇，布满池塘水泽、瀑布溶洞，出产著名的八宝贡米。

4．将正文（除表格外）所有段落格式设置为：首行缩进 2 字符，段前间距为 0.5 行。（4 分）

5．在正文中插入 T□文件夹中的图片 bygz2.jpg，设置图片环绕方式为“紧密型”。（3 分）

6．对文档中的表格完成以下操作：（5 分）

（1）在表格第 3 行的下方插入一行；设置各行行高为 1.2 厘米。

（2）设置表格所有单元格对齐方式为：垂直和水平方向居中。

7．存盘退出。

Excel 操作（20 分）

打开 T□\inf2 文件夹中的 Excel 文件 xsb2.xls，完成以下操作：

1．在 Sheet1 工作表中，用条件格式将 B3:G14 区域中大于 40 的数据文本颜色设为红色。（3 分）

2．在 Sheet1 工作表中用公式或函数计算总销售额和平均销售额。（7 分）

3．在 Sheet1 中建立如下图所示的花生销售额各月走势的折线图，并嵌入本工作表中。（6 分）

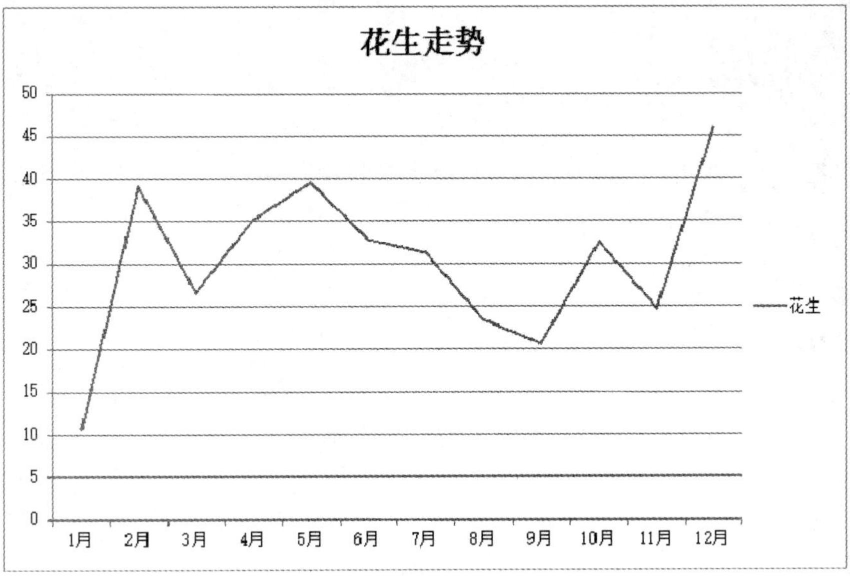

4．在 Sheet2 工作表中，筛选出花生、黄豆均大于 30 的记录。（4 分）

5．存盘退出。

PowerPoint 操作（20 分）

打开 T□\inf2 文件夹中的演示文稿 pcwh2.ppt 文件，完成以下操作：

1．为第 1 张幻灯片标题文字“春节”设置超链接，链接到网址：http://www.chinaso.com（4 分）

2．为第 2 张幻灯片的图片设置动画：进入效果为“飞入”、单击鼠标时开始。（4 分）

3．在最后一张幻灯片之后插入一张新幻灯片，版式设为“标题和内容”，在内容占位符中插入 T□文件夹中的图片 pce2.jpg。（4 分）

4．设置所有幻灯片切换效果为“切出”、换片方式为“单击鼠标时”。（4 分）

5．设置自定义放映，顺序为：第 2 张→第 1 张→第 4 张。自定义放映名称为：压岁钱。（4 分）

6．保存退出。

网络操作（20 分）

1．打开 T□文件夹中的 xzgk2.html 文件，将该网页中的全部文本以文件名 gk2.txt 保存到 T□文件夹中。（5 分）

2．在 T□文件夹中新建一个文本文档 add2.txt，录入并保存本机的 IP 地址。（5 分）

3．启动收发电子邮件软件，编辑电子邮件。（7 分）

收件人地址：GXCME@GXCME.EDU.CN

主题：T□文件

正文如下：

组长：您好！

文件在附件里，请查收。

（此处输入考生本人姓名）

4．将 T□文件夹中的 logo2.gif 文件作为电子邮件附件，邮件以文件名 mail2 另存到 T□文件夹中。（3 分）

实训项目十六　考试练习之三

一、实训目的

1．熟悉统考机试的题型和内容。

2．熟练答题的步骤和技巧。

二、实训要求

1．硬件资源：PC 一台/人。

2．软件资源：Windows 操作系统、Office 软件、XM161 和 XM162 文件夹及素材。

三、实训内容

按照题目要求完成模拟题。

机试试题（1）

考试时间：50 分钟　　（闭卷）

准考证号：______________________　姓名：_______________

注意：试卷中的 T□以考生的专业班级、姓名和学号的最后三位数来代替。

如：软件 1811 张三 066。

文件操作（15 分）

按要求完成下列操作：

1．在 U:\下新建一个文件夹 T□，并将 K:\XM161 文件夹中的所有内容复制到 T□文件夹中。（4 分）

2．将 T□\exam1 文件夹中的 y1.txt 文件移动到 T□文件夹中。（3 分）

3．将 T□文件夹中的.swf 文件添加到压缩文件，命名为 ys1.rar。（4 分）

4．删除 T□文件夹中 0 字节的文件（2 个）。（4 分）

Word 操作（25 分）

打开 T□\exam1 文件夹中的 Word 文档 word1.doc，完成如下操作：

1．页面设置：设置纸张大小为 A4，页边距左、右各为 2.0 厘米。（4 分）

2．将标题文字“独自等待”设置为隶书、二号、居中。（3 分）

3．输入以下文字作为正文的第三段，并设置该段的字体颜色为蓝色。（8 分）

《独自等待》讲述现代都市里一群年轻人的故事，不仅都市感强烈，最难能可贵的是，它拍出了当下中国年轻人诸多层面的真实状态。

4．将正文所有段落设置为：首行缩进 2 字符，行距为最小值 20 磅。（4 分）

5．在正文末尾制作如下表格。（6 分）

<table>
<tr><td rowspan="3">影片信息</td><td>中文名</td><td></td></tr>
<tr><td>类型</td><td></td></tr>
<tr><td>片长</td><td></td></tr>
</table>

6．保存退出。

Excel 操作（20 分）

打开 T□\exam1 文件夹中的 Excel 文件 excel1.xls，完成以下操作：

1．在 Sheet1 工作表中，用公式或函数计算出实发工资和每项平均值（单元格设置为货币格式）。其中：实发工资=基本工资+岗位工资+工龄工资–扣款。（6 分）

2．在 Sheet1 工作表中建立如下图所示的折线图，并嵌入本工作表。（6 分）

3．在 Sheet1 工作表中，用条件格式将高于 2000 的数据字体颜色改为红色显示。（4 分）

4．在 Sheet2 工作表中，按“部门”分类汇总各部门职工各项工资的总和。（4 分）

5．存盘退出。

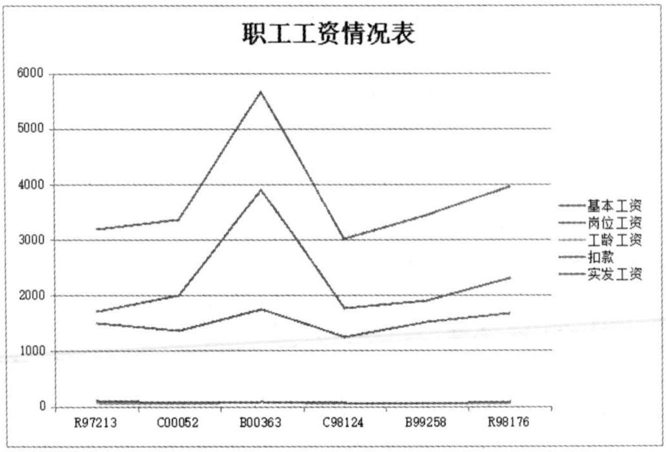

PowerPoint 操作（20 分）

打开 T□\exam1 文件夹中的演示文稿 ppt1.ppt，完成以下操作：

1．将主题设置为“聚合”并应用到所有幻灯片上。（5 分）

2．将第 2 张幻灯片的版式设为“标题、文本与内容”，复制 T□\ ztx1.txt 文件中的文本到文本占位符中，在内容占位符中插入 T□文件夹中的 tu2.jpg 图片文件。（5 分）

3．对第三张幻灯片中的文本设置动画为：擦除，单击鼠标开始，速度为中速。（5 分）

4．在第 4 张幻灯片中添加主页和上一页的动作按钮，链接到第一张幻灯片和上一张幻灯片。（5 分）

5．保存退出。

网络操作（20 分）

1．打开 T□文件夹中的 web1.html 文件，将该网页中的全部文本以文件名 text1.txt 保存到 T□文件夹中。（5 分）

2．在 T□文件夹中新建一个文本文档 ip1.txt，录入并保存本机的 IP 地址。（5 分）

3．启动收发电子邮件软件，编辑电子邮件。（7 分）

收件人地址：GXCME@GXCME.EDU.CN

主题：T□文件

正文如下：

组长：您好！

文件在附件里，请查收。

（此处输入考生本人姓名）

4．将 T□文件夹中的 fj1.rtf 文件作为电子邮件附件，邮件以文件名 EMAIL 另存到 T□文件夹中。（3 分）

机试试题（2）

考试时间：50 分钟　　（闭卷）

准考证号：______________________ 姓名：________________

注意：试卷中的T□以考生的专业班级、姓名和学号的最后三位数来代替。

如：软件 1811 张三 066。

文件操作（15 分）

按要求完成下列操作：

1．在 U:\下新建一个文件夹 T□，并将 K:\XM162 文件夹中的所有内容复制到 T□文件夹中。（4 分）

2．将 T□\exam2 文件夹中的 y2.txt 文件移动到 T□文件夹中。（3 分）

3．将 T□文件夹中的所有.jpg 文件添加到压缩文件，命名为 ys2.rar。（4 分）

4．删除 T□文件夹中 0 字节的文件（2 个）。（4 分）

Word 操作（25 分）

打开 T□\exam3 文件夹中的 Word 文档 word3.docx，完成如下操作：

1．页面设置：设置纸张大小为 A4，页边距上、下各为 2.5 厘米。（4 分）

2．将标题文字“扬美古镇——人心向美，仰美扬美”设置为二号、加粗、居中。（3 分）

3．输入以下文字作为正文第三段，并设置该段的字体颜色为红色。（8 分）

美食：扬美有名的是土鸡和左江鱼，左江鱼味道不错，新鲜生猛而无一般淡水鱼的泥腥味。

4．将正文所有段落设置为：首行缩进 2 字符，行距为固定值 20 磅。（4 分）

5．在正文末尾制作如下表格。（6 分）

扬美古镇	
景点	金马街
美食	左江鱼
住宿	临江饭店

6．保存退出。

Excel 操作（20 分）

打开 T□\exam2 文件夹中的 Excel 文件 excel2.xlsx，完成以下操作：

1．在 Sheet1 工作表中，用公式计算应发工资和最大值（应发工资=基本工资+岗位津贴–水电费）。（6 分）

2．在 Sheet1 工作表中建立如下图所示的基本工资簇状条形图，并嵌入本工作表。（6 分）

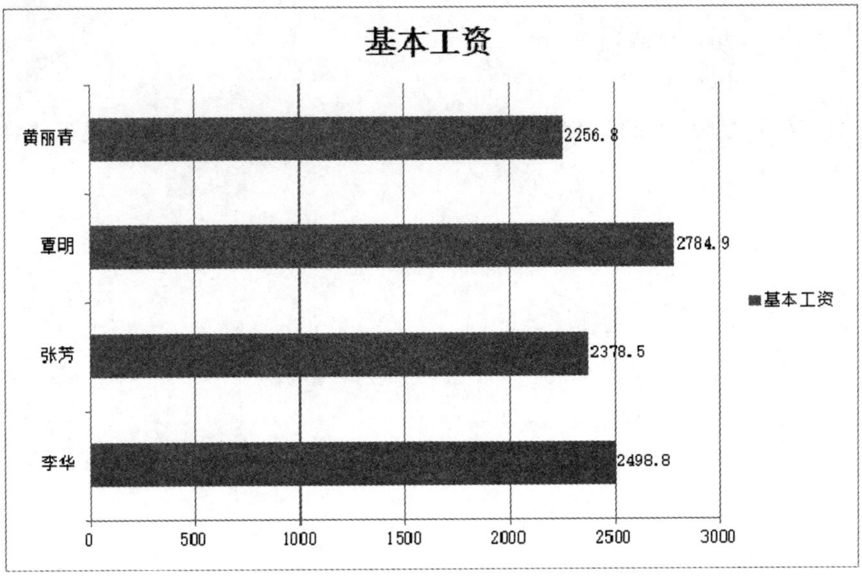

3．将 Sheet1 工作表重命名为“职工工资表”。（4 分）

4．在 Sheet2 工作表中，按“性别”分类汇总基本工资的平均值。（4 分）

5．存盘退出。

PowerPoint 操作（20 分）

打开 T□\exam2 文件夹中的演示文稿 ppt2.pptx，完成以下操作：

1. 将第 2 张幻灯片的版式设为“标题和内容”，将 T□\pqy2.jpg 图片插入到内容占位符中。（5 分）

2. 为第 3 张幻灯片中的“西湖龙井茶”设置超链接，链接到本文档中的“第 4 张幻灯片”。（5 分）

3．设置所有幻灯片切换效果为“翻转”，将换片方式改为“单击鼠标时”。（5 分）

4．在最后一张幻灯片中添加一个结束放映的动作按钮，放映时单击此按钮即结束放映。（5 分）

5．保存退出。

网络操作（20 分）

1. 打开 T□文件夹中的 web2.html 文件，将该网页中的全部文本以文件名 text2.txt 保存到 T□文件夹中。（5 分）

2．在 T□文件夹中新建一个文本文档 ip2.txt，录入并保存本机的 IP 地址。（5 分）

3．启动收发电子邮件软件，编辑电子邮件。（7 分）

收件人地址：GXCME@GXCME.EDU.CN

主题：T□文件

正文如下：

组长：您好！

文件在附件里，请查收。

（此处输入考生本人姓名）

4．将 T□文件夹中的 web2.html 文件作为电子邮件附件，邮件以文件名 EMAIL 另存到 T□文件夹中。（3 分）

实训项目十七　考试练习之四

一、实训目的

1．熟悉统考机试的题型和内容。

2．熟悉答题的步骤和技巧。

二、实训要求

1．硬件资源：PC 一台/人。

2．软件资源：Windows 操作系统、Office 软件、XM171 和 XM172 文件夹及素材。

三、实训内容

按照题目要求完成模拟题。

机试试题（1）

考试时间：50 分钟　　（闭卷）

准考证号：________________________ 姓名：_________________

注意：试卷中的 T□以考生的专业班级、姓名和学号的最后三位数来代替。

如：软件 1811 张三 066。

文件操作（15 分）

按要求完成下列操作：

1. 在 U:\下新建一个文件夹 T□，并将 K:\ XM171 文件夹中的所有内容复制到 T□文件夹中。（4 分）

2．将 T□\exam3 文件夹中的 y3.txt 文件移动到 T□文件夹中。（3 分）

3．将 T□文件夹中的所有.txt 文件添加到压缩文件，命名为 ys3.rar。（4 分）

4．删除 T□文件夹中 0 字节的文件（2 个）。（4 分）

Word 操作（25 分）

打开 T□\XM171 文件夹中的 Word 文档 word3.docx，完成如下操作：

1．页面设置：设置纸张大小为 A4，页边距左、右各为 2.5 厘米。（4 分）

2．将标题文字“肖申克的救赎”设置为三号、加粗、居中。（3 分）

3．输入以下文字作为正文第二段，并设置该段的字体颜色为红色。（8 分）

我们心存仁慈，以平常心去对待所有对我们公平或不公平的事情，我们总能泰然处之并找到通往救赎的天堂之路。

4．将正文所有段落设置为：首行缩进 2 字符，行距为“固定值 20 磅”。（4 分）

5．在正文末尾制作如下表格。（6 分）

肖申克的救赎		
导演	编剧	主演

6．保存退出。

Excel 操作（20 分）

打开 T□\XM171 文件夹中的 Excel 文件 excel3.xlsx，完成以下操作：

1．在 Sheet1 工作表中用公式或函数计算总计及销售额（销售额=数量×单价）。（6 分）

2．在 Sheet1 中将 A1:E1 合并及居中。（4 分）

3．在 Sheet1 中建立如下图所示的“簇状柱形图”，并嵌入本工作表中。（6 分）

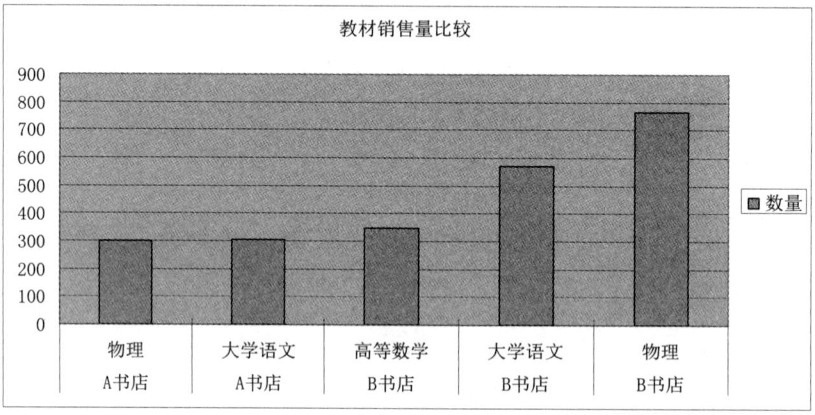

4．在 Sheet2 工作表中筛选出 A 书店的记录。（4 分）

5．存盘退出。

PowerPoint 操作（20 分）

打开 T□\XM171 文件夹中的演示文稿 ppt3.pptx，完成以下操作：

1. 为第 1 张幻灯片中的文字“假日之旅”设置超链接，链接到网址：http://www.baidu.com。（5 分）

2．在第 1 张幻灯片后插入一张新幻灯片，将第 2 张幻灯片的版式设为“标题和内容”。在标题框中输入“马尔代夫”，在内容占位符插入 T□文件夹中的图片 lmp3.jpg。（5 分）

3．设置所有幻灯片切换效果为“百叶窗”，将换片方式改为“单击鼠标时”。（5 分）

4．为第 2 张幻灯片的图片设置动画：进入效果为“飞入”、上一项之后开始。（5 分）

5．保存退出。

网络操作（20 分）

1．打开 T□文件夹中的 web3.html 文件，将该网页中的全部文本以文件名 text3.txt 保存到 T□文件夹中。（5 分）

2．在 T□文件夹中新建一个文本文档 ip3.txt，录入并保存本机的 IP 地址。（5 分）

3．启动收发电子邮件软件，编辑电子邮件。（7 分）

收件人地址：GXCME@GXCME.EDU.CN

主题：T□文件

正文如下：

组长：您好！

文件在附件里，请查收。

（此处输入考生本人姓名）

4．将 T□文件夹中的 fj3.rtf 文件作为电子邮件附件，邮件以文件名 EMAIL 另存到 T□文件夹中。（3 分）

机试试题（2）

考试时间：50 分钟　　（闭卷）

准考证号：________________　姓名：__________

注意：试卷中的 T□以考生的专业班级、姓名和学号的最后三位数来代替。

如：软件 1811 张三 066。

文件操作（15 分）

按要求完成下列操作：

1．在 U:\下新建一个文件夹 T□，并将 K:\XM172 文件夹中的所有内容复制到 T□文件夹中。（4 分）

2．将 T□\exam4 文件夹中的 y4.jpg 文件复制到 T□文件夹中。（3 分）

3．将 T□文件夹中所有的.jpg 文件添加到压缩文件，命名为 ys4.rar 并保存在 T□文件夹中。（4 分）

4．删除 T□文件夹中 0 字节的文件（2 个）。（4 分）

Word 操作（25 分）

打开 T□\exam4 文件夹中的 Word 文档 word4.docx，完成如下操作：

1．页面设置：设置纸张大小为 B4；页边距上、下各为 3.0 厘米，左、右各为 3.5 厘米。（4 分）

2．将标题文字“风景不转心境转”设置为黑体、小一号、左对齐、加着重号。（3 分）

3．输入以下文字作为正文倒数第二段，并设置该段的字体倾斜、颜色为紫色。（8 分）

我常常想，万一时运低见鬼，也会学苏老，心里无鬼，于是，看不见，看不见，然后转身走开，吟啸：“也无风雨也无晴。”

4．将正文所有段落设置为：首行缩进 2 字符，段落间距为段后 0.5 行。（4 分）

5．对正文末尾的表格完成以下操作：

（1）在表格第 1 行的上方插入 1 行，合并插入行的所有单元格，输入“林夕词作”。（3 分）

（2）设置所有单元格对齐方式为水平、垂直居中对齐。（3 分）

6．保存退出。

Excel 操作（20 分）

打开 T□\exam4 文件夹中的 Excel 文件 excel4.xlsx，完成以下操作：

1．在 Sheet1 工作表中，用公式或函数计算种植面积、销售量、销售额的合计数。（4 分）

2．在 Sheet1 工作表中建立如下图所示的花卉销售额占比的三维饼图，并嵌入本工作表。（6 分）

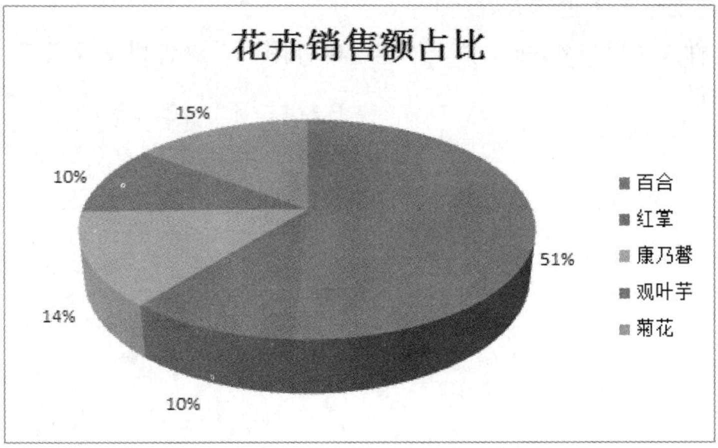

3．将 Sheet1 工作表中，将 A1:E1 合并及居中，设置其中文字的字号为 16 磅。（6 分）

4．在 Sheet2 工作表中，按“类别”分类汇总销售量的平均值。（4 分）

5．保存退出。

PowerPoint 操作（20 分）

打开 T□\exam4 文件夹中的演示文稿 ppt4.pptx，完成以下操作：

1．为第 1 张幻灯片中的副标题“穿过虫洞”设置超链接，链接到第 4 张幻灯片。（5 分）

2．设置所有幻灯片的标题动画效果：强调效果为“波浪形”，从上一动画之后开始。（5 分）

3．设置所有幻灯片切换效果为“涡流”、换片方式为“单击鼠标时”和自动换片时间 2 秒。（5 分）

4．设置自定义放映：名称为“虫洞理论”。顺序为：第 1 张→第 3 张→第 2 张。（5 分）

5．保存退出。

网络操作（20 分）

1. 打开 T□文件夹中的 web4.html 文件，将该网页中的全部文本以文件名 text4.txt 保存到 T□文件夹中。（5 分）

2. 在 T□文件夹中新建一个文本文档 ip4.txt，录入并保存本机的子网掩码和默认网关。（5 分）

3．启动收发电子邮件软件，编辑电子邮件。（7 分）

收件人地址：GXCME@GXCME.EDU.CN

主题：T□设计稿

正文如下：

主管：您好！

设计稿见附件，请查收。

（此处输入考生本人姓名）

4．将 T□文件夹中的 ys4.rar 文件作为电子邮件附件，邮件以文件名 EMAIL 另存到 T□文件夹中。（3 分）

5．退出电子邮件软件。